Valeurs économiques et industrielles des roches du mésozoïque de la Guinée Maritime

Collection « Industries minières et activités connexes »

Dirigée par SE Ibrahima Soumah
écrivain et ancien ministre des Mines de Guinée

La Guinée est reconnue comme un véritable scandale géologique, avec des réserves de bauxite de plus de 40 milliards de tonnes, soit plus du tiers mondial. Le pays possède aussi les plus grands gisements de minerais de fer non encore exploités comme le Nimba et le Simandou avec plus de 10 milliards de tonnes de réserves à haute teneur. L'exploitation de l'or y est pratiquée depuis le Moyen Âge, et le diamant de joaillerie se trouve en abondance dans le sud-est du pays, tout comme le chrome, le cobalt, le nickel et même l'uranium. L'offshore guinéen n'a pas encore révélé tout son potentiel en gaz et pétrole et, si on y ajoute le potentiel hydroélectrique, avec des barrages gigantesques comme le Souapiti en cours de construction, on peut dire que la Guinée, devenue premier exportateur mondial de bauxite, a un avenir assuré dans l'industrie minière. De nombreux ouvrages édités ont abondamment décrit le processus de développement minier en cours et d'autres sont en préparation pour aller plus en profondeur dans tous les aspects au plan économique et social de l'activité minière en Guinée. L'Harmattan Guinée a donc créé à cet effet une collection pour appuyer ce secteur important de l'économie guinéenne.

Valeurs économiques et industrielles des roches du mésozoïque de la Guinée Maritime

Collection « Industries minières et activités connexes »

Dirigée par SE Ibrahima Soumah
écrivain et ancien ministre des Mines de Guinée

La Guinée est reconnue comme un véritable scandale géologique, avec des réserves de bauxite de plus de 40 milliards de tonnes, soit plus du tiers mondial. Le pays possède aussi les plus grands gisements de minerais de fer non encore exploités comme le Nimba et le Simandou avec plus de 10 milliards de tonnes de réserves à haute teneur. L'exploitation de l'or y est pratiquée depuis le Moyen Âge, et le diamant de joaillerie se trouve en abondance dans le sud-est du pays, tout comme le chrome, le cobalt, le nickel et même l'uranium. L'offshore guinéen n'a pas encore révélé tout son potentiel en gaz et pétrole et, si on y ajoute le potentiel hydroélectrique, avec des barrages gigantesques comme le Souapiti en cours de construction, on peut dire que la Guinée, devenue premier exportateur mondial de bauxite, a un avenir assuré dans l'industrie minière. De nombreux ouvrages édités ont abondamment décrit le processus de développement minier en cours et d'autres sont en préparation pour aller plus en profondeur dans tous les aspects au plan économique et social de l'activité minière en Guinée. L'Harmattan Guinée a donc créé à cet effet une collection pour appuyer ce secteur important de l'économie guinéenne.

Dr Fodé Ibrahima DIABY

Valeurs économiques et industrielles des roches du mésozoïque de la Guinée Maritime

L'Harmattan

Du même auteur

Regard sur le secteur minier guinéen, 2017
Sur les pas d'un géologue face aux défis du développement, 2020

5-7, rue de l'École-Polytechnique, 75005 Paris

http://www.editions-harmattan.fr

ISBN : 978-2-343-25228-5
EAN : 9782343252285

Sommaire

Préface

Dr Fodé DIABY est un géologue, un scientifique, un professionnel des mines qui, après un brillant parcours académique, a tiré le maximum d'expériences dans des équipes d'éminents spécialistes guinéens et étrangers qui ont contribué à approfondir les connaissances sur la géologie et la métallogénie de la Guinée. Il a participé à la naissance de plusieurs projets miniers.

C'est cette longue expérience qu'il fera valoir ces dernières années à la tête de la Société des Bauxites de Dabola-Tougué (SBDT) dont il est l'un des acteurs majeurs.

Il n'est donc pas étonnant que l'auteur de cet ouvrage intitulé « valeurs économiques et industrielles des roches du mésozoïque de la Guinée maritime » ait dépassé le cadre purement scientifique pour s'intéresser aux aspects économiques.

Le développement des ressources minérales de la Guinée a toujours été parmi ses principales préoccupations.

Le grand mérite de ce travail est d'avoir donné une explication économique cohérente au magmatisme trappéen de la période d'activation gondwanienne de la plateforme sédimentaire de la Guinée occidentale.

Sur le plan scientifique, il a décrit les complexes structuro-formationnels et les failles profondes accompagnées d'intrusions magmatiques de composition basique variable à ultrabasique et d'un massif annulaire des syénites néphéliniques des îles de Loos.

Plusieurs variétés pétrographiques (gabbros, gabbro-dolérites, pyroxénites, péridotites, et syénites) ont fait l'objet de description et d'analyses pétrochimiques détaillées.

Sur le plan économique, une spécialisation minéralogique a été marquée par la présence de concentrations minérales (nickel, chrome, cuivre, cobalt, titane, platinoïdes) et les produits de l'évolution secondaire de ces formations trappéennes (bauxite, minerai de fer et les matériaux de construction).

Ce livre, écrit sur la base de systématisation et de généralisation d'un grand nombre de documents, est avant tout nécessaire pour planifier le développement du secteur minier, principal facteur de progrès social et d'emploi pour l'émergence.

Du point de vue scientifique et pédagogique, ce livre est une invite faite aux géo-scientifiques pour poursuivre et approfondir l'étude sur le magmatisme trappéen de l'ensemble du territoire national.

Il permettra d'orienter la recherche de nouveaux types de gisements encore inconnus en Guinée et promouvoir la diversification de l'activité minière, maximiser les revenus miniers, car les mines continuent à assurer l'essentiel des recettes d'exportations et des recettes budgétaires de notre pays.

En lisant cet ouvrage, on s'informe sur les perspectives d'avenir du secteur minier guinéen.

La Guinée a de bonnes perspectives pour la découverte de nouveaux types de gisements magmatiques (Ni-Cu-Cr, Co-Pt-Pd-Ti) similaires à ceux signalés en Sierra-Leonne par N.Funner et par B.Mikhailov en Afrique du Sud et dans le monde.

Dr F. DIABY est pour moi plus qu'un collègue mais un frère. Je ne peux que le féliciter pour cette belle initiative qui consiste à établir un tel guide pour les enseignants, les chercheurs et les exploitants miniers.

J'ose donc espérer que de nombreux géo-scientifiques comme Dr F. DIABY soient de plus en plus nombreux en République de Guinée.

Dr Alpha Mady SOUMAH
Ingénieur Géologue-Géophysicien
Ancien ministre des Mines, de la Géologie et de l'Environnement

Dédicace

– En cela l'ouvrage pourrait intéresser les étudiants et les professionnels géologues et miniers promoteurs de projets et plus largement tous les lecteurs. Il leur sera un outil pratique et de documentation dans le déroulement de leurs tâches professionnelles.

– Que cette approche permette aux décideurs de repenser certaines de nos habitudes et tirer profit des progrès réalisés dans la compréhension de la géochimie et de la pétrologie pour infléchir nos méthodes traditionnelles d'études et de prospection des ressources.

– Et ce livre arrive à propos pour alimenter les efforts d'imagination qui s'avèrent nécessaires à la découverte de nouveaux gisements.

– La corporation y trouvera un énorme acquis de connaissance et d'expérience avec la volonté d'en assumer une meilleure diffusion.

Avant-propos

La richesse de la Guinée en ressources naturelles donne à ce pays d'immenses opportunités de développement socio-économique à travers son important potentiel minier, agricole et environnemental aussi bien à l'échelle nationale qu'à l'internationale.

Les résultats des investigations dont ce pays a bénéficié faciliteront la création des conditions favorables à l'industrialisation et à l'amélioration de l'habitat d'une part, et ils impulseront une discipline culturelle, technique, et scientifique génératrice des valeurs productives d'autre part.

Par exemple l'exploitation minière, les moyens de communications et de transports, l'agriculture, l'élevage, la pêche, l'artisanat et l'exploitation forestière sont des atouts à la portée du pays pour amorcer son décollage économique.

Déjà la construction des barrages de Garafiri, kaléta, Souapiti et bientôt d'Amaraya et de Koukoutamba, constitueront une avancée significative pour l'électrification du pays, l'industrialisation des secteurs minier et agricole et celle de l'économie nationale en pleine mutation.

Cet exploit a demandé assez d'efforts et de labeur à travers une fructueuse coopération bilatérale et multilatérale qui ont permis d'améliorer les moyens dont dispose le pays.

Cet ouvrage servira à mieux cerner la valeur des études géologiques réalisées et en cours de réalisation et de démontrer l'importance du potentiel minier guinéen qui fait la convoitise de nombreux spécialistes du monde minier, des chercheurs et universitaires, et parfois des industriels.

Aussi le développement des projets bauxitiques est une étape rassurante qui permettra très rapidement de favoriser la production de l'alumine et de l'aluminium avec la production de l'énergie venant des barrages ci-dessus précités.

La construction très attendue du transguinéen liée à l'exploitation rationnelle des gisements de fer de Nimba et de Simandou, ainsi que toutes les réserves avoisinantes dudit chemin de fer propulseront de façon exponentielle le développement économique de la Guinée.

Ainsi la contribution des géo-mineurs connaîtra plus d'efforts et pourra engager au besoin une recherche minière approfondie en faveur d'une diversification des ressources.

À propos la connaissance effective de ces ressources est un gage certain pour l'amélioration d'une extraction suivie et souhaitée des différents éléments chimiques dans les minerais qui s'avèrent beaucoup plus complexes, et méritent une attention particulière des décideurs et surtout celle des chercheurs.

L'exploitation des ressources minières de la Guinée, au regard des résultats obtenus à l'état brut n'est nullement satisfaisante de nos jours.

C'est la raison pour laquelle, le secteur minier interpelle à plus de dynamisme et a besoin d'une expertise de haut niveau professionnel. Ceci pour doter les directions régionales de moyens nécessaires qui répondent aux attentes de la profession.

C'est à ce prix que le pays pourra bâtir un secteur minier plus performant qui permettra à la Guinée de devenir un acteur majeur et incontournable dans les filières de toutes les ressources minières, y compris les métaux de base.

Introduction

Dans ce cas précis, une étude des intrusions mésozoïques de la Guinée maritime, est loin d'être un exercice de routine. Elle ne sera pas si facile et elle abordera en substance une question importante de la géologie structurale, une des branches de la géologie tectonique.

Celle-ci a pour tâche d'étudier les particularités de l'arrangement et de l'évolution de l'écorce terrestre, en rapport avec les phénomènes tectoniques qui s'y déroulent : les mouvements et les déformations. La structure désigne l'architecture ou l'agencement de tel ou tel compartiment de l'écorce terrestre dans l'ensemble.

Le mot structure est également adopté par d'autres branches de la géologie, en particulier la pétrographie. La géologie structurale se fonde sur les renseignements de la géologie générale et les travaux pratiques qui fournissent les premières notions des dispositions des roches dans la nature.

Pour reconnaître exactement les formes structurales, il est nécessaire de posséder des connaissances suffisantes en minéralogie, en pétrographie, disciplines qui permettent de préciser la composition des roches et la séquence des dépôts. Les formes structurales dont il est question se divisent en formes structurales primitives et secondaires dans le cas des roches sédimentaires.

Les intrusions mésozoïques se sont formées dans les conditions spécifiques, suite au déplacement du magma au sein de l'écorce terrestre, peut être assimilé à un mouvement tectonique se déroulant, dans les conditions d'un milieu fluide.

Dans cette optique toute forme finale de disposition des roches magmatiques, massif, dyke, laccolite, nappe etc., serait de nature secondaire.

Souvent des questions sur la forme primitive de la mise en place du magma posent des interrogations qui demeurent parfois sans réponses, et les questions liées à la position structurale des intrusions mésozoïques ont été abordées dans cet ouvrage, grâce à un véritable travail technique et scientifique de maints chercheurs guinéens et étrangers.

C'est à ces intrusions que sont liés les gisements de bauxites des îles de Loos, des gisements de fer de Kaloum et de nombreux indices de Chrome, cobalt, de nickel etc…pour ne citer que ces exemples.

Une telle étude permet de connaître la nature et la disposition des roches et d'accroître aussi l'efficacité des travaux de recherches géologiques, d'établir la nature des contacts entre les intrusions magmatiques et leurs roches encaissantes et enfin d'aboutir à une localisation des zones les plus riches en minéraux de valeurs.

Caractéristiques de la Guinée maritime

La Guinée sur le plan géographique se compose de quatre régions naturelles qui sont : la Guinée maritime (ou Basse guinée), la Moyenne guinée, la Haute guinée et la Guinée forestière.

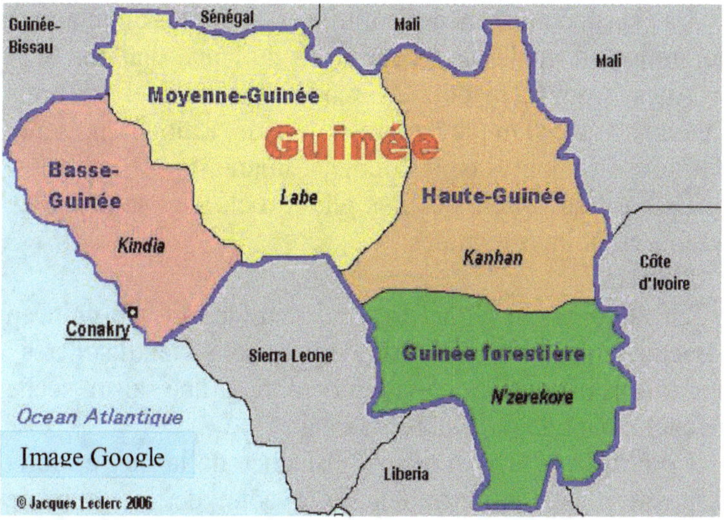

Carte 1 : Position de la région d'étude (Guinée Maritime)

I- Généralités

La Guinée Maritime ou Basse Guinée est limitée par les coordonnées 9 et 11° 20 de la latitude nord et le méridien 13° de la longitude ouest ; cette région est bordée à l'ouest sur environ 300 km par l'océan atlantique.

Administrativement, elle couvre la région de Conakry regroupant les Préfectures de Coyah, Forécariah, Kindia, Dubréka, Boffa, Boké, Fria et Télimélé.

Relief

La Guinée maritime est une région généralement plate avec des zones marécageuses en bordure de la mer et elle est caractérisée par une altitude très faible.

Vers l'intérieur des terres, ces marécages cèdent la place à des plaines formées de dépôts marins et les alluvions de nombreux cours d'eau douce.

Ces plaines sont généralement étroites au sud mais s'élargissent progressivement vers le nord.

Çà et là apparaissent des collines et de légères ondulations qui indiquent les derniers contreforts du Fouta-djallon.

Au sud-ouest, la double arcade de l'archipel de Loos s'étendant à 5 km de la presqu'île de Kaloum présente plusieurs îles dont Kassa, Roume, Tamara.

La bordure côtière des îles plutôt rocheuses se prolonge parfois en pointes récifales.

Climat

La région a un climat tropical humide, dit sub-guinéen caractérisé par l'alternance de deux saisons bien distinctes : une saison pluvieuse de mai en octobre et une saison sèche s'échelonnant de novembre en avril.

Ce climat subit fortement l'influence de la mer et de la disposition presque parallèle à la côte, de la retombée occidentale du Fouta-djallon. Il y souffle un vent humide venant de la mer (la mousson) et de régulières brises marines.

L'harmattan, vent sec et froid venant de l'intérieur n'atteint pas la côte, car il est atténué et porté en altitude par les montagnes du Fouta-djalon.

La saison pluvieuse est particulièrement importante ici par la hauteur pluviométrique qui excède partout les 2m (plus de 4.500mm à Dubreka), près du mont Kakoulima et 4,990 mm à Conakry).

La saison sèche connaît de fortes températures, jusqu'à 28-40° à Boké.

Végétation

La Guinée maritime recèle une végétation de type tropical côtier représentée dans la zone de poto-poto par la mangrove.

Celle-ci est composée d'arbres particuliers, aux racines aériennes (les pneumatophores) dont l'importance économique est très grande : ce sont les palétuviers (Kinsi).

En s'éloignant du littoral, la mangrove cède la place à la savane herbeuse et arbustive et d'une forêt plus ou moins dense.

L'action de l'homme a favorisé ici l'extension de certaines plantes utiles (cocotiers, palmiers) formant de véritables forêts.

De nombreux arbres (fromagers, néré, manguiers et plantations d'oranger, de mandariniers, d'ananas, bananiers, d'avocatiers, et pamplemoussiers etc. ...) sont rencontrés dans la région.

Hydrographie

Le réseau hydrographique est constitué par les cours d'eau suivants : le Cogon, la Tinguilita, la Fatala, le Konkouré, le Kissi-Kissi, la Mélakhouré, la Kolenté.

La plupart de ces fleuves prennent leur source en plein cœur du Fouta dont ils dévalent le versant occidental en constituant de nombreuses chutes, cascades et rapides ; mais en atteignant les plaines où ils bénéficient d'une grande pluviométrie, ils décrivent des cours sinueux et lents avant de se jeter à la mer, à travers de larges estuaires (Rios) que remontent périodiquement les marées.

Population

La région étudiée représente une des régions naturelles les plus peuplées de la Guinée, avec une forte concentration de la population dans les grands centres (Conakry-Kindia-Forécariah-Boké).

Le brassage intense des populations guinéennes fait que l'on rencontre ici des représentants de toutes les ethnies des différentes régions du pays. Cependant, les soussous dominent nettement en Guinée Maritime.

Il y a aussi bon nombre de populations palés, paléo-négritiques représentées par les Bagas, les Landoumas, les Mikiforès et les Nalous.

Sur le littoral on rencontre également des peuples émigrés de Guinée Bissau : les Balantés, qui sont d'excellents éleveurs et de grands spécialistes de la culture du riz.

Les principales activités économiques des populations de la basse côte sont : l'agriculture, l'élevage, l'artisanat, la pêche et la chasse.

Agriculture

Elle, occupe la fraction la plus importante de la population et porte sur les cultures céréalières (riz, fonio, maïs, mil) les plantes à tubercules (manioc, patate) et certaines cultures industrielles et d'exportation (tabacs, bananes, ananas, mangues, accajou).

La création des mécanismes de production mécanisée et attelée, dynamisera ce secteur clé de l'économie nationale.

Élevage

Pratiquement, il reste encore le monopole des éleveurs qui effectuent périodiquement le déplacement depuis le haut plateau du Fouta jusqu'à la plaine côtière à la recherche de pâturages pour leurs troupeaux.

Les bétails comprennent des bovins, des ovins, les caprins et les porcins.

Artisanat

Il porte sur la forge, le métier à tisser, la teinture ; il connaît un grand développement dans les centres urbains comme Conakry et Kindia mais, sur le reste du territoire d'étude, son importance reste encore précaire.

Généralement, la production artisanale est destinée à la consommation locale, mais la création des coopératives artisanales ces derniers temps permettra une amélioration constante de la qualité et surtout de dépasser le simple cadre de la consommation locale.

Pêche et chasse

La pêche se pratique en Basse Guinée sous deux formes :

La pêche artisanale occupe principalement les pêcheurs Guinéens, Sénégalais, Léonais et Ghanéens. La pêche industrielle fut organisée depuis 1971.

Une souricière fonctionne à Boulbinet et fournit du poisson fumé à la population alors que l'entreprise frigorifique du port de Conakry assure la conservation du poisson frais.

La chasse porte sur un patrimoine faunistique très riche et varié comprenant des espèces protégées (buffles, hippopotames, éléphants et les chimpanzés) et comprend également des mammifères dont certaines espèces sont en voie de disparitions. Il y a aussi des espèces nuisibles dont la chasse est permise en toute saison (Singes).

En fin il faut noter l'existence des reptiles nuisibles (pythons, vipères) et des moustiques (surtout dans les zones marécageuses) qui causent le paludisme.

Industries

Sont localisées dans cette région d'étude les grandes sociétés d'exploitations de la bauxite : Compagnie des Bauxites de Guinée (CBG), Compagnie des Bauxites de Kindia (CBK), Société Minière de Boke (SMB), Alufer) et de plusieurs projets en construction.

Conakry et ses environs abritent les principales unités de l'industrie légère guinéenne. Sur le reste du territoire étudié existent çà et là quelques autres unités industrielles parmi lesquelles on peut citer l'usine d'alumine de Friguia, les centrales hydroélectriques des grandes chutes Baléa-Donkéa, de Garafiri, de Kaléta, de Souapiti et bientôt d'Amaraya qui est en phase de construction dans cette région.

Il y a lieu de mentionner que la découverte dans cette région de nombreux et d'importants gisements de bauxite, et notamment la présence d'un réseau important de routes et son ouverture sur la mer font de cette région, la plus industrialisée du pays.

Voies de communication

Le réseau routier est très développé dans la région et y facilite le déplacement entre les différentes régions administratives.

Les centres urbains sont reliés entre eux, soit par des routes carrossables, soit par voie aérienne.

Entre les régions administratives et leurs arrondissements, et entre les arrondissements et leurs villages, il existe des pistes dont l'état dépend de la saison.

Sur la côte, les ports de Conakry et de Kamsar connaissent un trafic intense. Ils sont respectivement reliés aux carrières de Kimbo (Fria), de Débélé (Kindia) à partir du port de Conakry et Sangarédi à partir du port de kamsar par des voies ferrées en très bon état.

Le chemin de fer Conakry-Niger qui reliait Conakry la capitale à certaines villes : Kindia, Mamou, Dabola, Kouroussa et Kankan, est en arrêt et demande une reconstruction totale.

II- Contexte géologique

Sont aussi concernées par la présente étude, les informations sur la stratigraphie, la lithologie, l'hydrogéologie et la tectonique des formations géologiques de la Guinée maritime, qui donneront plus de visibilité sur la position structurale des intrusions mésozoïques.

La coupe stratigraphique de la Guinée maritime est représentée par les formations de l'Archéen, du protérozoïque, du paléozoïque et du cénozoïque.

Archéen

Les formations archéennes sont les formations les plus anciennes de notre territoire d'étude. Ce sont les roches métamorphisées, plissées et fracturées. Elles sont représentées par la série Kassila.

ÈRES	PÉRIODES
CÉNOZOÏQUE	Quaternaire
	Paléogène
PALÉOZOÏQUE	Dévonien
	Silurien
	Ordovicien
PROTÉROZOÏQUE	Protérozoïque supérieur(PR_3) Série Taban (conglomérat et grès)
ARCHÉEN	Série Kassila Métamorphisée, Plissée et Fracturée

Formations stratigraphiques de la guinée maritime

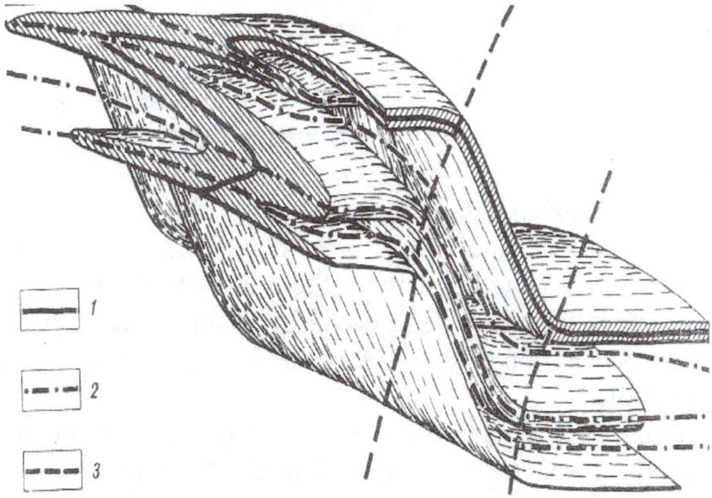

Figure1 : Exemple de structure de trois plissements mutuellement superposés dans les formations de l'Archéen de la Carélie (d'après L. Kuklei)

1. plan axiaux des plis – Ière génération ; 2. IIème génération ; 3. IIIème génération

La série kassila se rencontre en Guinée maritime à l'Est de la ville de Forécariah. Elle est constituée de schiste cristallophyllien à amphibole, granito-gneiss, de gneiss à biotite, à grenat sillimanite- biotite. Cette série se subdivise en quatre suites qui sont de bas en haut : kissi-kissi, Forécariah, Mahéra et Kounsouta.

- Suite Kissi-Kissi (AR_{kk})

Elle se compose des schistes cristallophylliens, de grès microgrenu de quartzite ferrugineux. Elle se divise dans la vallée de Boffon en deux parties : inférieure et supérieure.

La coupe inférieure est représentée par les schistes cristallophylliens à amphibole et à pyroxène-amphibole, renfermant de rares passées de gneiss à biotite et à hypersthène. Cette coupe se caractérise par la présence des quartzites ferrugineux formant trois horizons à directions discontinues. L'épaisseur de l'horizon inférieur ne dépasse pas 200 m, elle atteint 150 m dans l'horizon moyen et 400 m dans l'horizon supérieur.

Le haut de la suite Kissi-Kissi est caractérisé par un horizon de quartzite ferrugineux d'épaisseur irrégulière de 20- 30 m.

- Suite Forécariah (AR_{fr})

La suite Forécariah repose en concordance sur l'horizon supérieur des quartzites à magnétite de la suite Kissi-Kuisi.

Elle est constituée de gneiss à hypersthène, de schistes cristallins à bipyroxène, à amphibole-pyroxène et à amphibole.

Dans la partie inférieure de la suite prédominent des gneiss brun-foncé à hypersthène, à biotite hypersthène et des schistes cristallins.

Au sommet de la coupe se font voir quelques rares lentilles de quartzites monominènaux de gneiss à grenat biotite et les schistes cristallins mélanocrates à deux pyroxènes et à amphibole-bipyroxène. La puissance de la suite Forécariah varie de 3200 à 3400 mètres.

- Suite Mahéra (AR_{mh})-

La suite Mahéra repose en discordance sur la suite Forécariah. Elle borde la partie centrale de l'anticlinale de Forécariah. Elle est essentiellement composée de roches grenatifères, notamment de gneiss ; Les gneiss de la suite Mahéra renferment des injections de granitoïdes contenant souvent des grenats, de la cordiérite et de la sillimanite. Les contacts entre les granitoïdes et les gneiss sont confus, vagues à passage doux. La migmatisation a un caractère stratoïde et l'époque de leur mise en place coïncide avec celle des métamorphismes. Ce qui explique la grande extension des migmatites et pegmatites dans cette région.

La base de la suite est marquée par un banc de gneiss à cordiérite-sillimanite-biotite parfois avec disthène et à grenat hypersthène-sillimanite biotite d'une épaisseur d'environ 200 m.

En haut la suite est constituée par des gneiss à grenat et biotite à grains moyens injectés de matériel quartz-feldspathiques, parfois ces gneiss sont oeillés, à passées de gneiss leucocrates à alternance (puissance 10 -20 cm) de gneiss à grenat-biotite, à grenat-hypersthène-biotite, à hypersthène à deux pyroxènes s'observe dans la partie médiane de la coupe (épaisseur est de 1200-1300 m

La partie supérieure de la coupe est représentée par des gneiss micro-granulés striés à grenat biotite renfermant des passées de gneiss à grenat-cordiérite-sillimanite-biotite (épaisseur 500-600 m). La puissance de la Suite Mahéra est de 2500-2800 m.

- Suite Kounsouta (ARKt)

La suite Kounsouta repose en discordance sur les roches de la suite Mahéra. Elle est répandue localement sur la partie nord-ouest de l'anticlinal de Forécariah. Elle se compose de variétés de gneiss suivantes : les gneiss à biotite, à grenat-biotite, à grenat sillimanite-cordiérite-biotite, à cordiérite sillimanite-biotite et à biotite hypersthène.

La limite inférieure de la suite Kounsouta est assez conventionnelle et se situe au niveau du passage des gneiss à grenat-biotite de la suite Mahéra vers les gneiss à biotite. Dans la partie supérieure de la suite les roches sont affectées par un processus de granitisation et se transforment en migmatites et gneiss oeillé à biotite passant graduellement en granito-gneiss. C'est la raison pour laquelle la limite supérieure de la suite n'est pas déterminée. La puissance de la suite Kounsouta est estimée à 2400- 2500 m.

Les formations de la série Kassila sont surmontées en discordance par les dépôts de la série Taban du protérozoïque supérieur. Ces roches constituent les roches encaissantes des charnockites d'après les mesures géochronologiques (Yelisariew, 1971 et Fauvre Murest, 1973).

Mieux les roches de la série Kassila identiques quant à leur âge à celles de Dabola d'après Bouféev donnent en Sierra Léone des âges absolus de 2600 à 2800 millions d'années. On en déduit alors que la série Kassila constitue les formations d'âge archéen de notre région d'étude.

Protérozoïque

Les formations du protérozoïque de la région d'étude sont représentées par le protérozoïque supérieur (PR_3). Les dépôts de la série Taban sont attribués au protérozoïque supérieur. La série Taban affleure sous forme d'une bande étroite le long de la vallée de la rivière bofon, en y formant une structure synclinale en graben de direction nord. Cette série est essentiellement représentée par des conglomérats et des grès. Elle se divise en trois assises : Bofon, Sansany et Bassya. Ces dépôts reposent en discordance sur les roches archéennes et éoprotérozoïques.

- Assise Bofon (PR_3 Bf)

Les dépôts de l'assise Bofon, affleurent dans la vallée de la rivière Bofon au sud du village Sansany. Cette formation est représentée dans sa partie inférieure par les conglomérats à blocs et gros galets cimentés par un matériel arkose à blocs et gros galets cimentés par un matériel arkose grossier et graveleux.

La taille des blocs atteint 20 à 30 cm, mais en général prédominent les galets bien roulés de 5 à 7 cm (près de 60-70%) de cette roche constituée par des galets ; l'arkose constitue le ciment de ces galets.

Les galets des roches suivants sont observés : quartzite ferrugineux et à muscovite ; quartzite, aplites quartzeuses, schistes à quartz épidotes, porphyres quartzeux ; granites rouge-sanguin, quartz. L'arkose constitue le ciment de ces conglomérats. La partie supérieure de la coupe est constituée par les arkoses grossières et graveleuses à stratification parallèle et croisée. Dans ces dernières on rencontre un peu partout des galets disséminés de roches métamorphiques.

L'épaisseur de l'assise atteint 500 m.

- Assise Sansany (PR_3 Sn)

Cette assise (PR_3 Sn) affleure au sud du village Sansany. Elle repose en concordance sur l'assise de Bofon et se différencie de cette dernière par sa composition lithologique. Elle se caractérise par une intercalation de grès fins formant des couches de 20 cm d'épaisseur, tandis que les puissances des argiles dépassent les 100 m en général.

- Assise Bassya (PR_3 bs)

Les dépôts de cette assise se rencontrent sur le versant ouest de la vallée de la rivière Bofon.

La base de l'assise est marquée par un horizon de conglomérats de cent (100) mètres d'épaisseur reposant en discordance sur les roches de l'assise Sansany.

– Plus haut on observe une alternance d'horizons de conglomérats et d'arkoses grossières et graveleuses renfermant des graviers et des galets.

– Au regard de ces quelques particularités, on peut supposer que les dépôts de la série Taban se sont formés dans les conditions littorales marines rappelant celles des formations molassiques des zones mobiles. Lesdits dépôts peuvent être confrontés avec ceux de la base de la coupe de la série Rockel-River (PR_3, Allen 1958) recouvert par le cambrien horizontal dans la région de Bomou.

Ces dépôts présentent des similitudes avec les roches de la coupe de la série Ségou-Madina-Kouta. (Guinée septentrionale). Partant de tout ce raisonnement la série Taban peut être attribuée au Protérozoïque supérieur.

Paléozoïque

Les formations du paléozoïque comprennent les roches du système Ordovicien, Silurien et Dévonien.

- Ordovicien

En Guinée, l'Ordovicien est représenté par la série Pita

Série Pita (Opt)

Cette série affleure de Coyah au Fouta-Djalon. Elle repose en discordance sur les formations archéennes et protérozoïques. C'est une puissante série monotone de grès qui débute par un conglomérat de base et se poursuit par des grès hétéro-granulés essentiellement quartzeux avec des intercalations des minces couches d'aleurolites et d'argilites. Ces grès présentent une stratification le plus souvent entrecroisée, parfois horizontale ou oblique.

En raison de leur position stratigraphique au-dessus des séries infracambriennes et cambriennes du Fouta et au-dessous des schistes siluriens de Télimélé datés paléontologiquement, les grès de Pita sont généralement attribués à l'Ordovicien. L'Ordovicien Pita est représenté par cinq sous-séries dont certaines sont différenciées.

- Silurien

Les dépôts siluriens sont représentés sur notre territoire d'étude par la série de Télimélé. Ces dépôts ont été établis pour la première fois en Guinée par Sain Clair en 1918. Le silurien guinéen est fossilifère (graptolithes et brachiopodes)

Serie Télimélé

Cette série repose en concordance sur la cinquième sous-série de l'ordovicien Pita. Les dépôts de cette série ont été dénudés par suite de la latérisation. Ce qui rend leur observation difficile. Elles ont une limite inférieure nette qui se distingue par sa composition en aleurolites à structure fine et stratifiée. Les aleurolites, aleuro-pelites et les argilites y sont les roches caractéristiques. Dans la série Télimélé se localisent nombreux sills doléritiques d'âge mésozoïque.

- Dévonien

Découvert en 1939 dans la région de Kindia par E. Chatelat, le Dévonien dénommé série Faro (Dfr) constitue le niveau le plus récent du Paléozoïque en Guinée.

Série Faro (Dfr)

Les dépôts sont représentés par les grès quartzeux à grains moyens et fins, gris-clair et blancs avec des horizons plus puissants, des grès ferrugineux et d'aleurolites. La limite entre les dépôts siluriens et dévoniens est marquée par l'apparition d'un facies gréseux. Dans la région d'étude, toute la série est constituée d'une succession de couches d'aleurolites et des grès à grains fins, quartzeux, à stratification parallèle et de faible épaisseur. Les dépôts dévoniens surmontent les schistes siluriens de Télimélé et sont souvent observés parmi les formations du Dévonien, les corps intrusifs de composition doléritique. Le Dévonien en Guinée est caractérisé par une faune à Brachiopode

Cénozoïque

Les dépôts du cénozoïque ont une large extension dans la région. Ce sont les formations du paléogène et quaternaire. Les dépôts du paléogène ont été observés sur la côte de l'océan atlantique, surtout à Madiné et à Benty et reposent en grande discordance angulaire sur les surfaces dénudées du socle cristallin. Ces dépôts sont représentés par des sables quartzeux, hétéro-granuleux et souvent par une terre argileuse et de limon sableux. La puissance de ces dépôts dans les environs de Madiné est de 24 m. et les dépôts du quaternaire sont largement répandus dans les limites de la plaine côtière et localement dans les vallées des cours d'eau du Fouta-Djallon et recouvrent sans discordance les formations du paléogène plus anciennes.

III- Hydrogéologie

Au point de vue hydrogéologie, la Guinée maritime a fait l'objet d'investigations très sérieuses, ce qui ont permis de distinguer les types d'accumulation d'eaux souterraines suivantes :

1- Les eaux interstitielles de gisement, rattachées à des séries alluvio-déluviales des vallées de grands fleuves. Les roches aquifères sont des formations sableuses et argileuses et en partie les niveaux argileux et pierreux de bancs latéritiques de couverture surmontant les roches sédimentaires.

2- Les eaux interstitielles de gisement dans les formations de latérite détritique : sporadiquement inondées (région de Kindia).

3- Les eaux interstitielles de diaclase-gisement : contenues dans les grès et aleurolites du paléozoïque inférieur et du protérozoïque supérieur et quelquefois dans les croûtes d'altération formées aux dépens des granites.

4- Les eaux de diaclase-gisement : rattachées à des roches détritiques intensément fissurées d'âge paléozoïque et protérozoïque supérieur.

5- Les eaux de diaclase-gisement : reliées à des croûtes d'altération formées aux dépens des granites et d'autres roches intrusives. Localement ces roches s'accumulent parfois dans les aquifères de la suite de Kolenté (Mali).

6- Les eaux de diaclase veine-gisement : rattachées aux intrusions doléritiques stratoïdes.

7- Les eaux de diaclase veine : dans les formations intrusives d'âge et compositions variées.

8- Les eaux de diaclase locales : rattachées aux zones de fissuration et de broyage intense en des endroits où sont connues des manifestations d'une tectonique cassante.

Les roches aquifères de la zone d'étude possèdent pour l'essentiel une faible quantité d'eau, parfois même les terrains anhydres sont capables de retenir l'eau. Les roches qui renferment les quantités d'eau les plus appréciables sont les formations alluvionnaires meubles du quaternaire, les bauxites poreuses, les roches lithomarge-argilo-greseuse, des grès fissurés, à grains hétérogènes paléozoïques et protérozoïques et d'autres roches existant dans les zones de broyages. Les variétés compactes massives de ces mêmes roches, les dykes, les niveaux d'argiles et les argilites constituent un soubassement étanche. Les niveaux phréatiques sont également sujets à des variations saisonnières.

Les débits des sondages et des sources oscillent en moyennes de 0,1 à 1 litre par seconde et atteignent 1 à 3 litres par seconde. En période pluvieuse, le débit des sources va croissant jusqu'à quelques litres par seconde. Ces eaux sont communément incolores ou peu colorées, de teinte alors jaunâtre ou rougeâtre. Elles sont inodores, transparentes d'après les analyses des différentes missions de levés géologiques, le degré de minéralisation de ces eaux en fait des eaux ultra-douce et douce. La part des substances minérales dissoutes varie de 0,6 à 0,09 gramme par litre.

– Les nappes souterraines s'alimentent pour l'essentiel aux dépens des précipitations atmosphériques. Les variations saisonnières des quantités d'eaux reçues exercent une influence sur le degré d'abondance d'eau dans les aquifères et sur les fluctuations de la nappe phréatique.

Un rôle prépondérant dans la décharge des eaux souterraines est joué par l'évaporation. Les résurgences sous forme de sources descendant des flancs des bowés, dans les creux du relief et aux pieds des massifs montagneux sont d'une importance moindre. Les eaux souterraines et superficielles existant en Guinée maritime suffisent largement aux besoins de l'économie régionale.

IV- Tectonique

La Guinée maritime est située sur la plateforme africaine, à l'Ouest du Bouclier libérien. Comme sur toute plateforme nous distinguons deux étages structuraux inférieur et supérieur (voir le schéma tectonique ci-dessous).

1- Étage structural inférieur (socle cristallin).

Les formations de cet étage sont disloquées, métamorphisées et plissées. Elles sont percées par différentes intrusions reflétant toutes les particularités magmatiques du développement géosynclinal de cette partie de la Région d'étude

L'étage structural inférieur est le soubassement de la couverture plateformienne, il est représenté dans notre région par la série Kassila (type Dahoméen) qui forme dans la partie Sud-Est de la région de l'anticlinal de Forécariah ayant dans ses ossatures les roches anciennes, les charnockites, les amphibolites basiques et les granitoïdes du protérozoïque inférieur.

2- Étage structural supérieur (couverture sédimentaire)

Cet étage repose en discordance régionale sur le socle cristallin. Il se divise en trois sous-étages.

a) -Sous étage inférieur (protérozoïque inférieur)

Ce sous- étage comprend les dépôts terrigènes de la série Taban et les intrusions tardiprotérozoïques. Les dépôts terrigènes occupent une sorte de graben dans lequel ils sont déformés et plissés suivant la direction Nord-Ouest sous le fait du dynamométamorphisme

– Les intrusions tardiprotérozoïques dans les limites de la région d'étude se localisent non pas dans la zone d'extension de la dépression signalée, mais dans le champ des roches cristallines archéennes et des granito-gneiss éoprotérozoîques. Les dépôts de ce sous-étage de la couverture sont de type avlacogène, ils se caractérisent par une grande épaisseur et de faciès marins et lacunaires.

b) sous- étage moyen (Paléozoïque)

Le sous-étage structural moyen est constitué de dépôts sédimentaires (comportant des intrusions basiques, ultrabasiques et alcalines) et repose en discordance sur les formations du sous-étage inférieur de la couverture d'âge protérozoïque supérieur. Les dépôts sédimentaires d'âge paléozoïque, sont représentés par les séries Ordoviciennes (Pita), Siluriennes (Télimélé) et Dévoniennes (Faro), ils se caractérisent par un gisement à ondulation plane avec une tendance à un ennoyage général dans la direction Nord-Est avec des pendages de 2 – 5°.

Une série de structures planes positives et négatives dont la formation et l'orientation furent entièrement prédominées par une tectonique en blocs, est observée sur le fonds. Le complexe de roches magmatiques d'âge mésozoïque est d'une grande extension et gise sous forme de nappes intrusives et plus rarement sous forme de dykes dans les dépôts sédimentaires du paléozoïque.

c)-Sous étage supérieur (Cénozoïque) Les sédiments marins du cénozoïque gisent horizontalement sur les formations sédimentaires et possèdent une extension excessivement locale. Au-delà des caractéristiques générales, l'étude des structures de cassures (les failles) et celle des structures de plissement et du magmatisme de la Guinée maritime seront examinées avec plus de détails dans les chapitres suivants.

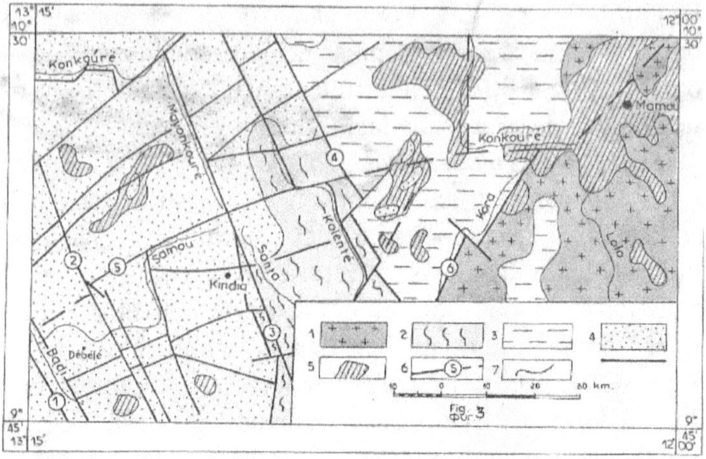

Schéma (1) : Structure tectonique de la région

1- Socle de la plate-forme (bouclier Léono-Libérien) ;

2- Fossé Rockell (Zone plissé)

3- 4 Couverture de la plate-forme

3- Étage structurel inférieur

4-Étage structurel supérieur

5- Corps intrusifs de composition du Mésozoïque ;

6- Failles ;

7- Limites des principales structures de la région

CHAPITRE I

Historique de la recherche géologique

L'exploration géologique a bien commencé en Guinée pendant la période coloniale et cela vers le dix-neuvième siècle. On note dans la littérature que la Guinée maritime a bénéficié d'une attention particulière par rapport aux autres régions et elle est très connue de par sa richesse très variée en minéraux utiles.

Nombreux sont les explorateurs qui se sont intéressés à la Guinée à tous points de vue : mœurs, culture, tourisme et géologie. Pendant cette période, différentes missions effectuèrent des travaux dans le but de satisfaire les besoins pressants de l'industrie et du commerce de la métropole.

Ce qui explique l'existence des divers documents couvrant de petites superficies (Conakry-Est, Conakry-Ouest) ou portant sur des gisements déterminés (gisement de fer de Conakry, de bauxite de midi des îles de Loos). De ce fait ces premières études n'ont pas été approfondies et les questions qu'elles ont traitées méritent d'être réexaminées à la lumière des connaissances actuelles, même dans le cas particulier des gisements précités. L'étude géologique du littoral guinéen fut amorcée d'abord par une description schématique élaborée par Ferminck en 1853.

En 1861 Monsieur Lambert publia une monographie consacrée à la description de son expédition sur le massif du Fouta-Djalon. En 1893 Raisin fit la synthèse de toutes les années accumulées à l'époque sur la géologie de l'Afrique occidentale. Beaucoup d'ouvrages traitant de la géologie de cette région firent également leur apparition au début du Vingtième siècle.

En 1900 Macho et Chevalier donnèrent les premières descriptions géographiques de la partie occidentale de la Guinée.

On note que les premiers services géologiques de la Guinée furent créés pendant la période allant de 1900 à 1930 et c'est au compte de ces services que E. Chatelat composa une description presqu'entière du Cap Verga.

A. Lacroix parcourut le territoire en 1905, à la fin de cette mission, il édita un livre sur : « Les roches éruptives de la Guinée française(1905) ». Il porta son attention sur les syénites néphéliniques des îles de Loos dont il donna la description détaillée ; il en indiqua en particulier la distribution selon les types. Les résultats de ses travaux furent publiés sous le titre des syénites néphéliniques de l'Archipel de Loos et leurs minéraux (1911).

Les premiers services géologiques de la Guinée furent créés pendant la période allant de 1920 à 1930. C'est donc au compte de ces services que E. Chatelat composa une description presqu'entière du Cap Verga.

En 1923, une mission française ayant travaillé dans les régions de Benty, Forécariah et Dubreka présenta une notice sur la géologie de ces régions, elle signala la présence de la bauxite ayant une teneur de 60% d'alumine. À la même année M. Julien indique l'existence des pegmatites de Coyah.

En 1936, R de la Bouglise publia dans ''Ch. Mines Col n°49 Paris, avril'' l'article « Les gisements de fer de Conakry, son histoire, sa nature, son extension et son utilisation ». C'est à la suite de cela que la Compagnie Minière de Conakry passa à l'exploitation de ce gisement.

La première description détaillée de la latérite dans l'Ouest de Guinée est faite grâce aux travaux d'E. Chatelat (1933 à1938), qui découvrit le rôle majeur de la tectonique dans l'éluvion du relief de la Guinée. De 1938 à 1939, en collaboration avec Mickles, il précisa les résultats de son étude.

En 1943, Furon étudia tout le territoire de la Guinée et publia un livre intitulé « La géologie de la Guinée française (1950) ». Ce livre ne possédait pas les qualités d'une étude détaillée. Il fut une étude assez sommaire. Ce qui ne lui confère qu'un caractère de document de base. Par la suite M. Roques fit paraître : '' Le précambrien de l'A.O. F'' qui n'est lui aussi qu'une simple esquisse géologique.

Le levé géologique spécifique de notre région fut mené par L. Delaire en 1947. Il composa deux livres consacrés aux feuilles de Conakry Est et Conakry Ouest, et il établit la carte géologique de la région à l'échelle 1 : 500.000ème.

En 1956 A. Chermette reprit cette étude et consacra ses Travaux sur le mont Kakoulima.

En 1958 Bonifas publia les résultats de ses études sur la géochimie de la croûte d'altération de la presqu'île de Kaloum.

C'est en 1958 que la Guinée accéda à l'indépendance nationale jusque-là, il est aisé de remarquer que toutes les études géologiques réalisées durant les soixante-années de la période coloniale ne sont que des recettes sur les gisements de minéraux utiles, qui pouvaient faire l'objet d'une exploitation immédiate pour satisfaire les appétits de l'industrie métropolitaine.

Une véritable réorganisation de la recherche géologique devenait alors un impératif de l'heure et c'est ainsi que le jeune État a pu organiser, dans le cadre des accords bilatéraux avec les pays amis, d'importantes missions de recherches géologiques. Une aide fructueuse qui a permis à de nombreux spécialistes de l'Union soviétique, de la Hongrie et de la Tchécoslovaquie de travailler en Guinée, et ont mis à contribution leur savoir-faire pour nous aider à éclaircir certains problèmes d'ordre géologiques.

En 1960 M. Chermette publia donc une notice dans laquelle il mentionne que les filons des pegmatites de Coyah se trouvent dans un champ de gneiss à biotite. Au cours de la même année, d'éminents géologues soviétiques (Mikaïlov. B. M. et Silverstov Y.P) apportent une importante étude à la structure géologique de la Guinée. Ils dressent des cartes géologiques, géomorphologiques et métallo-géniques du bouclier Guinéo-Libérien à l'échelle 1 :100.000^{ème}.

En 1961, une carte à 1 :10.000^{ème} portant près de 30 filons de pegmatites est dressée par Zenouck (à Coyah).

Une mission hongroise parcourt la même année, la région de Cap Verga et y réalise des levés radiométriques. M. Ziteck découvre des concentrations industrielles de nickel dans les croûtes d'altération couvrant les dunites du flanc Nord du massif Kakoulima.

Cette époque est marquée par la ferme volonté de notre peuple de procéder à des recherches ordonnées et scientifiques, et à l'exploitation rationnelle des ressources de son sous-sol. De cet esprit de renouveau naît en 1967, le programme de levé géologique à 1 : 200.000^{ème} qui doit embrasser tout le territoire national.

Les résultats ainsi obtenus ont suscité un réel intérêt pour la recherche en Guinée et ont contribué au développement du secteur minier guinéen. L'aide de la coopération internationale a été aussi, d'un apport précieux en facilitant la mise en place, en Guinée d'un riche patrimoine minier qui sans nul doute constitue aujourd'hui l'ossature des bases des données du Centre de Promotion et de Développement Minier (CPDM). Ces données ont une importance légendaire dans l'histoire de l'exploration minière et servent de données de références de tous les travaux de prospection des substances minérales du pays.

L'auteur de cet ouvrage a contribué également à l'approfondissement des connaissances de notre patrimoine économique et s'est intéressé aux intrusions mésozoÏques de la Guinée maritime, dans le cadre de l'élaboration de son mémoire de fin d'études supérieures sous la direction des professeurs : Loukianov Vladmir et Noupénène Toïvo, de la Faculté des Mines et de la Géologie de l'Institut Polytechnique Gamal Abdel Nasser de Conakry.

Et il a été admis que les lecteurs de cet ouvrage ont largement profité des connaissances des principaux domaines de la géologie, du potentiel minier, de l'exploitation minière et de la gestion des ressources, au besoin d'examiner tous les problèmes soulevés et traités dans le but de faciliter la compréhension des sujets évoqués et soumis à leur appréciation. Ces questions ont été abordées avec intérêt et beaucoup d'attention en deux parties.

– Une partie générale dans laquelle la région d'étude a été présentée, en amont dans ces aspects géographiques, économique et géologique.

– Une partie spéciale qui traite dans les chapitres suivants les interrogations liées à la position structurale, à la morphologie et à la géochimie des intrusions mésozoïques de la Guinée maritime. Une telle étude a permis d'élaborer un ensemble d'approches technique et scientifique qui ont facilité les recherches géologiques et ont permis d'établir la nature des contacts entre les intrusions mésozoïques et les roches encaissantes et localiser des ressources minérales de très hautes valeurs économiques.

CHAPITRE II

Histoire du développement géologique

Le contexte géologique qui fait aujourd'hui de la Guinée, un pays riche en ressources minérales, sont tributaires des formations géologiques, sur la base desquelles ont été réalisés des travaux d'exploration et d'exploitation dont les produits sont commercialisés à des fins industrielles.

Ces données sont répertoriées sur des cartes géologiques, métallogéniques et des schémas tectoniques pour une exploitation économiquement rentable de ce potentiel minier.

C'est grâce à l'évolution spectaculaire des nouvelles technologies de l'information que la recherche géologique est devenue très rassurante et d'énormes progrès sont enregistrés au profit de l'économie mondiale, facilitant ainsi la découverte d'importantes substances.

Pour établir l'histoire du développement géologique de la région d'étude, nous nous proposons de dévoiler les « visages » successifs ayant marqué son évolution au cours des différents épisodes, en cinq étapes suivantes : Archéenne, Protérozoïque, Paléozoïque, Mésozoïque et Cénozoïque.

Étape Archéenne

Les formations plus anciennes sont représentées par les roches de la série Kassila. Durant toute la période archéenne et même jusqu'à la fin du Protérozoïque inférieur, toute l'Afrique occidentale a connu un régime géosynclinal. Elle a permis alors la mise en place de puissantes assises de roches fortement métamorphisées avec des injections des roches magmatiques.

L'évolution d'un géosynclinal correspond dans le temps au cycle tectonique qui comprend deux phases principales.

– La première est caractérisée par des mouvements négatifs dominants, une puissante sédimentation et un magmatisme ultra-basique. C'est la phase géosynclinale.

– La deuxième est marquée par des mouvements positifs dominants, elle correspond à la transformation du géosynclinal en zone plissée. C'est la phase orogénique.

L'archéen correspond alors à l'accumulation de puissantes assises volcano-sédimentaires dans une structure de type géosynclinal dont le développement est marqué par des activités magmatiques intenses et de processus métamorphiques, puis par des plissements, le tout aboutissant à un ultra-métamorphisme. Ce qui ne rend pas aisé la détermination de l'origine primaire (sédimentaire ou magmatique) des roches constituant le substratum du grand bouclier Guinéo-Libérien.

Le substratum après sa consolidation a subi un bossellement général, ainsi le témoigne la grande discordance entre l'archéen et le protérozoïque, mieux l'absence des dépôts de l'archéen supérieur (algonkien), dans la région signifie que le vieux socle y a été profondément raboté, avant les dépôts des premiers sédiments du protérozoïque.

Étape Protérozoïque

L'absence de renseignements précis sur l'existence des dépôts du protérozoïque inférieur et moyen dans les limites de la région, objet de notre étude, ne facilite pas la reconstitution exacte de l'histoire de leur développement au cours de ces étapes.

D'une manière générale, pour le cas précis de l'Afrique occidentale, la période de l'évolution géosynclinal englobe l'Archéen et le protérozoïque inférieur. Mais dans les limites de la région de notre étude, le rapport de la mission soviétique 1968 signale un développement très intense de la granitisation au protérozoïque inférieur. Ce phénomène de granitisation est un fait lié à l'ultra-métamorphisme, donc à la phase orogénique.

On peut supposer que pour le cas de la Guinée maritime, probablement, la phase géosynclinale se manifestait jusqu'en mi- protérozoïque inférieur, la phase orogénique se déroulait que dans la deuxième moitié du protérozoïque inférieur. Depuis la région a perdu sa mobilité et durant tout le protérozoïque moyen, la région était soumise à un régime continental d'érosion et de dénudation. Ce qui est confirmé par l'absence des dépôts du protérozoïque moyen entre le socle cristallin et le PR_3. À la fin du PR_2 la région s'est transformée généralement en plateforme.

Le protérozoïque supérieur est le début de la mise en place des dépôts de la couverture sédimentaire. Il est représenté dans la région par la série Taban.

En considérant la composition lithologique de cette série, on peut supposer qu'elle s'est formée dans les conditions littorales marines. L'alternance des conglomérats à gros galets cimentés par un matériel, arkose grossier et graveleux au grès fins, puis aux conglomérats, indique le caractère oscillatoire de cette mer.

Étape Paléozoïque

Après le protérozoïque supérieur un soulèvement se produisit dans la région d'étude. Ce qui est confirmé par la lacune stratigraphique du cambrien (régression) formant ainsi la discordance régionale entre la formation du PR_3 et les dépôts de l'Ordovicien.

– À l'Ordovicien : la région a été envahie par la mer (transgression) déposant la série gréseuse du Fouta-Djallon (série Pita). Au fur à mesure que la mer s'élargissait, on assista à une diminution graduelle de la granulométrie. Cela montre une augmentation progressive de la profondeur de la mer ordovicienne. L'effet des courants marins diminuait progressivement.

C'est pourquoi de la stratification oblique et entre-cimentées des formations, à une mer agitée au début de l'Ordovicien, on passe à une stratification horizontale des couches indiquant le calme qui domine les conditions marines.

– Au Silurien : Cette mer se serait retirée vers le Sud-Ouest de la partie occidentale de la Guinée, pour former les dépôts de la suite Télimélé, constitués essentiellement de schistes à graptholites du gothlandien. D'après la lithologie, ces roches se sont déposées dans les mêmes mers que les assises gréseuses de l'Ordovicien, mais dans les conditions plus profondes, correspondant à la transgression maximale. Les trouvailles des fossiles marins typiques, prouvent qu'il s'agissait d'un bassin marin.

– Au Dévonien : on assiste à une localisation des bassins isolés où s'accumulent les dépôts dévoniens avant le retrait total de la mer.

Le changement relativement brusque de faciès des formations dévoniennes peut être expliqué par une diminution rapide de la profondeur du bassin provoquée probablement par le soulèvement subit de la partie périphérique du même bassin.

Ce changement relativement brusque de faciès est la conséquence dans tous les cas d'une réanimation subite des mouvements tectoniques positifs se traduisant par la formation de dépôts à gros grains formés par le sable dans lequel on découvre les lentilles ou des intercalations d'aleurolites et des argiles.

Étape mésozoïque

L'ensemble de la région a connu un développement géologique purement continental, depuis le Dévonien jusqu'au Cénozoïque. Son développement est compliqué par le renouvellement de l'activité tectono-magmatique de la plateforme. Les failles qui en ont résulté permirent au magma de trouver une issue pour son ascension et sa mise en place sous forme de sills et de dykes, à travers les couches sédimentaires.

Étape Cénozoïque

Le développement géologique de la région fut à cette époque exclusivement continentale, polarisé par la genèse des dépôts quaternaires et la formation des diverses croûtes d'altération. Cette étape correspond à la stabilité de la plateforme africaine.

CHAPITRE III

Magmatisme

Les roches magmatiques sont très développées dans la région d'étude. Elles sont apparues à différentes étapes, depuis l'Archéen jusqu'au Mésozoïque. C'est pourquoi nous pouvons distinguer parmi elles, les quatre groupes suivants :

Archéen, Éoprotérozoïque, Tardi-protérozoïque et Mésozoïque.

Intrusions archéennes

Parmi les roches métamorphiques de la série Kassila, on observe les charnockites basiques, des amphibolites et des druzites à grenat bronzite qui sont toutes des intrusions archéennes ayant subi le métamorphisme profond qui a changé leur composition pétrographique primaire.

Charnochites basiques (V.C A).

Ce sont des roches à grains moyens et gros d'une teinte caractéristique vert-bouteille ou brunâtre. Leur composition pétrographique est la suivante : labrador (60 – 70%), hyprersthène, clinopyroxène, amphibole, magnétite ; comme minéraux accessoires, elles renferment la monazite, le zircon, le grenat, la tourmaline, la chromite. Leur structure est granoblastique et la texture massive. Les charnockites se rencontrent dans les roches grenatifères des suites Mahéra, kounsouta. Le massif de charnockites est percé par les granitoïdes du protérozoïque inférieur ayant avec cette dernière un contact vague.

***Observation* :** La composition pétrographique, les propriétés de la structure et de la texture des roches actuelles composant les intrusions témoignent que ces roches métamorphiques sont les produits du métamorphisme postérieur des roches basiques primaires.

Amphibolites (NA)

Elles sont des roches foncées, noires, massives ou schisteuses renfermant des grains de grenats. Ces amphibolites présentent des variétés suivantes : amphibolites à pyroxène, à grenat-pyroxène, à grenat. Les roches les plus fréquentes sont les variétés à pyroxène composées de (40 – 45%) d'amphibole, 10 à 15% de clinopyroxène et de 40 à 45% de plagioclase n°35.

Les amphibolites se rencontrent surtout dans les suites Forécariah et KIssi-Kissi, bien que souvent dans ces dernières les corps forment des corps superposés de dimensions variées, parfois des lentilles puissantes occupant de vastes surfaces ; elles sont de direction Nord-Ouest et concordent avec les roches encaissantes auxquelles elles passent progressivement.

Druzites à grenat bronzite

Elles occupent la partie supérieure de la suite Kissi-Kissi et se rencontrent à 2 km au Nord-Ouest du village de Findé-Modiah.

De texture massive à gros grains, elles contiennent le pyroxène rhombique à pourcentage élevé, le clino-pyroxène, le grenat, le plagioclase et faiblement de la magnétite.

Les experts soviétiques, sur la base de l'analyse chimique pense que ces intrusions archéennes proviennent du métamorphisme des gabbro-norites et des norites qui étaient concordants aux roches de la série Kassila. L'attribution de l'âge de l'archéen de ces intrusions métamorphisées résulte du fait que leur plissement et leur métamorphisme ont eu lieu en même temps que ceux des roches encaissantes archéennes.

Granito-gneiss éoprotérozoïques (γPR_1)

Le socle cristallin de l'Ouest Africain subit une granitisation intense au protérozoïque inférieur. Dans notre région d'étude, elle fut marquée par la mise en place de granito-gneiss et les granodiorito-gneiss.

Les granito-gneiss et les granodiorito-gneiss sont des roches holocristallines équigrenues à texture gneissique, de couleur gris-foncé ou gris, leur structure granoblastique par endroit. D'après les résultats de l'analyse pétrographique de ces roches par les géologues soviétiques, elles sont composées de plagioclase, de microcline, de quartz, de la biotite et de l'amphibole.

Les minéraux secondaires sont représentés par la séricite, l'épidote, l'albite, le chlorite et la muscovite. Ce complexe de roches palingènes, parallèles aux structures archéennes manifeste un contact flou avec les roches encaissantes, caractérisé par des zones de roches migmatisées. Leur datation compte des faits ci-après :

– Les granito-gneiss ressemblent par leur composition, leur relation avec les roches encaissantes et leurs positions structurales à ceux éoprotérozoîques de la Guinée forestière dont l'âge absolu est estimé à 1800 – 2200 millions d'années (M.A.)

– Ils sont recoupés par les granites et les pegmatites tardi-protérozoïques datés de 50 – 550 millions d'années (M. A.)

Granites et grano-diorites métasomatique ($\gamma_1 PR_3$)

Le rapport de la mission soviétique signale que le protérozoïque supérieur est caractérisé dans notre région par un large développement de la métasomatose – potassique entrainant la formation des granites et des grano-diorites métasomatiques. Ils forment dans le bassin de la rivière Killy, un grand massif allongé, encaissé dans les granito-gneiss éoprotérozoïques de direction Nord-Ouest, parallèle à celle des roches encaissantes.

Ces roches ont une couleur gris-clair, gris-rosacé, une texture porphyroblastique nette à gros et à grains moyens et une texture gneissique.

En général les textures des roches sont porphyroblastiques et moins souvent hypidiomorphes grenues. Leurs minéraux essentiels sont le microcline, le quartz, la biotite et la muscovite. Les minéraux accessoires sont représentés par le Zircon, l'ilménite, le rutile, la magnétite.

– On remarque dans leur composition les minéraux résiduels des roches encaissantes archéennes (grenat à cordiérite), ce qui leur donne le caractère métasomatique.

Obsevation : Minkaïlov et autres pensent que les granites métasomatiques appartiennent à l'archéen supérieur.

Et nous savons d'une manière générale que le processus de la métasomatose se déroule dans les conditions d'ultramétamorphisme liées à la phase orogénique.

Intrusions tardiprotérozoïques

Ces intrusions sont liées au cycle magmatique du protérozoïque supérieur (d'après la mission soviétique).

Les granites et plagio-granites bimicacés ($\gamma_2 PR_3$)

Mis en place lors de la deuxième étape (après le processus métasomatique), ces corps isométriques affleurent à Manéa et à Sambaya couvrent 300 km^2 de superficie. Ces affleurements représentent en réalité les parties apicales d'un massif unique partiellement découvert par l'érosion contemporaine.

– Les massifs occupent les granites porphiroblastiques de l'étape précédente et des formations éoprotérozoïques et est lui-même traversé par des filonnets d'alpite et de quartz.

Les granites de Manéah ($\gamma_2 PR_3$)

Ce sont les roches gris- clair, gris rosacé, hétérogranulés à grains moyens faiblement porphyroïdes à structure massive et à texture granitique hypidiomorphe grenue, localement aplitique.

– La série filonienne comprend : les filons de granites fins (5- 12 cm) d'épaisseur recoupant les granites bi- micacés et possédant une composition minéralogique analogue à celles des granites.

– Les pegmatites forment des filons de dimensions variables. Leur âge absolu est fixé à 589 millions d'années et correspondrait au protérozoïque supérieur.

– Les filons de quartz sont de dimensions très réduites.

Intrusions mésozoïques

Les intrusions mésozoïques exercent une influence essentielle sur la structure géologique de la Guinée, ce complexe de roches est concerné par la présente étude et elles seront développées dans les chapitres suivants.

Photo A : affleurement de dolérite dans la région

CHAPITRE IV

Intrusions mésozoïques

Si la plateforme africaine a connu une activité tectonique très faible durant tout le paléozoïque, au mésozoïque il s'est déroulé des mouvements tectoniques très intenses accompagnés des injections de roches ultrabasiques, basiques et alcalines.

Généralités

Un tel type d'activités magmatiques est caractéristique pour de nombreuses parties du continent africain. Les roches basiques formées à cette époque sont connues dans la littérature sous le terme : « dolérites de Karroo », qui désigne un large complexe de roches de la formation doléritique, évoluant en composition minéralogique depuis des roches neutres jusqu'aux roches ultrabasiques.

Les dolérites dans la partie centrale du bouclier libérien forment des corps intrusifs de deux types principaux : sills et dykes.

– Les sills s'étendent très largement dans les zones périphériques du bouclier, de même que dans les limites des roches de la couverture plateformienne. Ils occupent des superficies de plusieurs centaines de kilomètres carrés jusqu'à un ou deux mille kilomètres carrés, ayant une épaisseur variant de 1,2 m à 200 – 300 m. (En moyenne 2-30 m). Les plus grands sills sont connus sur les plateaux du Fouta-djallon, où ils reçoivent généralement les formes positives du relief.

– Les dykes sont caractéristiques pour les parties centrales du bouclier et appartiennent aux régions de soulèvement des granites métasomatiques (dans la plupart des cas) et se trouvent comme d'habitude en concordance avec les systèmes de fissures qui sont très bien fixés sur les photoaériennes.

Caractéristiques des intrusions

– En Guinée, les études ont prouvé que les intrusions du mésozoïque se caractérisent par la direction Nord-Ouest 320-340 degrés (azimuts magnétiques), bien que soient rencontrés des dykes de directions Nord-Est et sub-latitudinale. Il convient de remarquer que les dykes coupent toutes les structures anciennes de la Région. Leur puissance varie de 0,2 à 5m. Certains sont observés sur une distance de plusieurs kilomètres (10-25 Km et plus).

Les changements des contacts des roches encaissantes des dykes doléritiques sont faibles. Lors de leur injection dans les granites métasomatiques, ces derniers deviennent plus riches en minéraux ferriques (colorés).

Les dolérites près des contacts contiennent de nombreux xénolites de granites, leur composition change brusquement : le quartz et l'albite apparaissent. L'action la plus énergétique du magma doléritique est observée dans les roches sédimentaires. Beaucoup d'auteurs dont entre autres : Golubinov (1936); Guillaume et Arnould (1958), Bonifas (1959), indiquent la présence dans la zone de contact des cornéennes.

En particulier les cornéennes sont rencontrées en contacts doléritiques avec des schistes du silurien et les grès ordoviciens. Les épaisseurs des cornéennes atteignent plusieurs mètres. D'habitude dans les zones de contacts des intrusions doléritiques avec les roches encaissantes est observée une bande étroite de changement thermique d'une épaisseur de 5 à 10 cm.

Il est possible de distinguer deux générations d'intrusions dont une formation précoce et une tardive. La formation doléritique précoce est représentée par le complexe des roches qui est divisé en trois groupes : groupe de dolérites, groupe de roches ultrabasiques et groupe de diorites.

Le groupe de dolérites réunit : les dolérites, diabases-dolérites, gabbro-dolérites, gabbro-norites, norites. Les dolérites composent 70% des roches de cette formation, les diabases-dolérites se distinguent des dolérites parce qu'elles sont séricitisées, amphibolitisées et chloritisées ; les gabbros et les norites constituent les parties centrales des doléritiques.

Le groupe des roches ultrabasiques est peu étudié. On peut expliquer ce fait par leur affleurement réduit et l'exploration incomplète de la région.

Les roches ultrabasiques du cycle mésozoïque inférieur sont connues seulement sur la presqu'île de Kaloum. Le massif de roches ultrabasiques occupe toute la presqu'île et s'étire à l'intérieur du pays dans la direction Nord-Est, sa largeur est de 5 à 8 Km et 50 Km de longueur (A. Lacroix 1914, Blondel 1935-1951 ; la mission soviétique 1967-1968 de la feuille de Conakry –Forécariah).

À l'intérieur du massif est décelé un complexe de roches diverses sur les versants de la montagne Kakoulima, où on peut observer les zonalités suivantes (de bas en haut) : dunites, péridotites, l'herzonites, gabbro, gabbro-norites, norites à olivines, norites, dolérites.

Le massif est coupé par le système de fissures qui s'étendent de préférence dans les directions Nord-Ouest, Nord-Est, avec les fissures liant les dykes.

Les dykes se composent de norites ou de dunites. Parmi les roches du massif prédominent les dunites, elles composent la base du mont Kakoulima (B.M. Mikkaïlov). Le groupe de diorites n'est pas suffisamment étudié dans les limites de la région.

– Le magmatisme du mésozoïque tardif se caractérise par la manifestation du volcanisme. Dans la partie occidentale et au sud de l'Afrique ont eu lieu des injections de roches alcalines et ultrabasiques du type kimberlitique. Ce processus coïncide avec la période des mouvements tectoniques très intense qui a cassé le continent de Gondwana en plusieurs blocs de montagne ; certains de ces blocs s'enfoncèrent sous le niveau de l'océan et d'autres se sont conservés comme les plateformes Africaine, Australienne, et indienne.

Dans la partie occidentale du Bouclier-Guinéo-Libérien on rapporte au magmatisme du mésozoïque tardif les corps-kimberlitiques (de pipes de dykes et plusieurs petits massifs ultrabasiques) de même que les intrusions des syénites néphéliniques de l'archipel de Loos.

L'âge des intrusions magmatiques de trapps rencontrées en Guinée est déterminé différemment par chaque explorateur.

Ainsi E. Teremine 1949, a déterminé leur âge comme étant du Dévonien ; G. Tagini comme appartenant au Paléozoïque supérieur.

La majorité des auteurs (Chetelat 1933-1946, Furon 1950, Michaïlov1969) range les intrusions du Mésozoïque en se basant sur :

– les données de la géologie structurale qui ont prouvé que les intrusions gisent parmi les formations sédimentaires les plus jeunes.

(Il s'agit des formations dévoniennes représentées, en Guinée maritime par la suite Faro) et qu'elles ont utilisé pour leur mise en place.

Les disjonctions et les structures d'exfoliation formées pendant l'activation tectono-magmatique de la plate-forme africaine au Mésozoïque.

– Les données de corrélations sont des manifestations du magmatisme de trapps dans le temps sur les autres plates-formes (Russe, Africaine, Canadienne).

– Les mesures d'âges absolus des roches de sills et de dykes qui ont été effectuées sur plusieurs intrusions aussi bien pour notre territoire d'étude que pour d'autres régions voisines, les résultats obtenus confirment dans plusieurs cas, l'appartenance de ces intrusions au mésozoïque.

La détermination de l'âge absolu par la méthode de Potassium- Argon, faite à l'Institut de Recherches scientifiques et Géologiques de Léningrad sur un échantillon de Konga-Diabase prélevé dans un sill situé à l'Ouest de la ville de Mali, a donné 151 millions d'années, ce qui correspond au jurassique (Belaev et autres 1970).

D'autres échantillons prélevés dans la zone de la rivière Mambouri et au Nord-Ouest du village de Bouloré, analysés par la même méthode Potassium-Argon donnent respectivement 151 millions d'années, 156 et 177 millions d'années (G.A Mourina). Ces chiffrent attestent aussi un âge mésozoïque de ces roches. « Cependant il y a lieu de mentionner que les processus magmatiques en Guinée sont encore très mal connus tant du point de vue géochronologique que du point de vue pétrographique. Les travaux entrepris dans le sens d'une connaissance approfondie des roches magmatiques en Guinée sont encore nettement insuffisants. La détermination ultérieure de l'âge absolu des roches devra utiliser des méthodes plus précises que celle du rapport Potassium Argon (K. Argon) qui en fait n'est valable que dans le cas d'un métamorphisme » (Séto Baldé et autres).

CHAPITRE V

Position structurale des intrusions mésozoïques

On ne saurait dissocier l'étude de la structure tectonique de la Guinée maritime de celle de la plateforme Nord-Africaine à laquelle, elle est liée par une histoire commune du développement géologique.

Structure tectonique

La Guinée maritime occupe la bordure Ouest de la synéclise guinéenne (synéclise de bowé), elle s'étend vers le Sud et borde l'océan Atlantique sur près de 300 Km. Dans la structure de la dépression de bowé se rencontrent les roches sédimentaires de la couverture appartenant à l'Ordovicien, au Silurien, au Dévonien et les formations magmatiques du mésozoïque.

En Guinée maritime le socle et les formations du PR_3 n'affleurent qu'au Sud. Le socle a été également rencontré en lambeau dans la région de Télimélé (15 km à l'Ouest et 20 km vers le Sud de la ville).

Le socle de la plateforme dans les limites de notre région d'étude, est constitué des roches de l'archéen (schistes cristallophylliens à amphibole ; des gneiss à biotite, à grenat sillimanite biotite), de charnockites, d'amphibolites et de granito-gneiss du PR_1.

– Nous savons que pour certaines des régions occidentales (Rockell et Bassari) du bouclier libérien les formations du Protérozoïque supérieur sont plissées et parfois métamorphisées.

Dans d'autres régions (feuille Labé) par exemple les formations du PR_3 (Ségou-Madina-Kouta) n'étant pas plissée appartiennent à l'étage structural de la couverture. Cette différence trouve l'explication suivante : au Protérozoïque supérieur, dans différentes régions de l'Afrique occidentale a eu lieu un renouvellement de l'activité tectonique dont les conséquences sont la mise en place des dépressions intracontinentales limitées par des séries de failles orientées principalement dans les directions Nord-Ouest.

La formation de ces dépressions est accompagnée par l'accumulation des assises secondaires épaisses du Protérozoïque supérieur (série de Taban, de Rockell-River etc.) et par l'activité magmatique pendant les étapes finales de leur formation. La nature de ces formations est discutée.

– Un premier groupe d'explorateurs les rattache aux fossés de type géosynclinal (Kaïn 1964, Choubert 1967)

– Un second groupe les appelle : structure du complexe intermédiaire (Kheraskov 1963- 1965)

– Un troisième groupe de géologues les rapporte aux structures de l'activation autonome (Stcheglov 1967).

Enfin les géologues soviétiques au cours des travaux exécutés en République de Guinée (1967-1968) ont tiré la conclusion sur leur appartenance aux structures du type péricratonique (Bouféev et autres 1968) et sur l'appartenance des formations qui les constituent à la base plissée de la plateforme. Ils ont aussi ajouté au socle de la plateforme, les formations du PR_3 formées de sédiments terrigènes des séries Taban et Rockel-River. Cependant nous notons que dans les limites de notre territoire d'étude le PR_3 est représenté par la série Taban, il est essentiellement composé de conglomérats et des grès occupant une structure synclinale en graben de direction Nord-Est. Les dépôts de cette série sont déformés et plissés. Par leur nature, ces dislocations plicatiles sont des phénomènes secondaires dont l'origine doit être associée aux mouvements de blocs du socle.

– Les changements intervenus dans la disposition des dépôts de cette série sont dus aux phénomènes de dynamo-métamorphismes, et non d'un métamorphisme proprement dit. Nous pensons que ces formations peuvent être plutôt rattachées à la couverture de la plateforme et doivent par conséquent être considérées comme des formations avlacogènes.

Ainsi dans le cadre de notre région d'étude, nous retiendrons le schéma tectonique qui comprend :

– un socle cristallin formé de roches archéenne et protérozoïque inférieur.

– Une couverture qui englobe les sédiments du PR_3 du paléozoïque et les roches magmatiques du Mz (Mésozoïque).

Structures de plissements

L'évolution géologique de la Guinée maritime, objet de cette étude est marquée par deux phases. Une première qui englobe la formation des structures du socle, et une seconde à laquelle est liée l'évolution des structures de la couverture sédimentaire. Dans les limites de cette région, le socle cristallin affleure, ce qui nous a offert la possibilité d'envisager l'étude des caractéristiques des structures plissées d'une part et celles des plis développés dans la couverture de ladite plateforme de l'autre.

En cas de plissement, la couverture sédimentaire ne réagit généralement pas de la même façon que son socle qui est caractérisé par des plis de premier ordre : synclinorium et anticlinorium. On remarque dans cette structure des plis très longs (plis étirés), un développement égal des anticlinaux synclinaux et au sein de larges faisceaux de plis, on observe un pendage uniforme dans un sens ou dans l'autre, la largeur et l'amplitude des anticlinaux et synclinaux sont en général de même ordre de grandeur.

– Le socle cristallin très ancien dans la région a connu une phase de développement géosynclinal. Sous les facteurs du métamorphisme régional, une puissante assise de roches sédimentaires a donné naissance aux formations anciennes de la série Kassila.

Au même moment les intrusions magmatiques se sont métamorphisées en donnant des amphibolites, des charnockites basiques, des druzites et autres…

Tout ce complexe de roches métamorphiques finit par subir un plissement très intense, il forme un anticlinal dans la région de Forécariah. Les différentes parties de cette structure orientée au Nord-Ouest ne présentent pas les mêmes caractères.

Au Sud de la vallée de la rivière Kissi-Kissi, elle forme un pli anticlinal régulier au pendage monoclinal de roches sur les flancs, sous un angle de 50-65°.

La largeur du flanc Sud-Ouest de la structure atteint 13 Km. Le flanc Nord-Est, coupé par la faille de Bofon. La structure de ce pli dans ce secteur apparaît nettement grâce à la présence des quartzites ferrugineux, des faisceaux de roches riches en alumine, des corps stratifiés de charnockites et des amphibolites et des amphiboles basiques facilement identifiables. Au Nord de la vallée Kissi-Kissi, la charnière de la structure plonge et donne lieu à sa fermeture périclinale avec la formation d'une série de plis anticlinaux et synclinaux de deuxième ordre aux pendages doux. Plus loin dans la direction Nord-Ouest, ils passent graduellement à des plis étroits dont les flancs atteignent une largeur de 4-5 Km et les pendages des roches sont très raides (65 - 85°).

Les inflexions de ces structures présentent la complication des plissements, le développement des plissements et le phénomène de boudinage.

– Dans la dépression de Rockel les dépôts terrigènes de Rockel-River et Taban sont déformés et plissés suivant la direction Nord-Ouest. Ce plissement est régulier et a des synclinaux et brachyformes larges ainsi que des anticlinaux ondulants, relativement étroits.

Par leur nature, ces dislocations plicatives sont des phénomènes secondaires dont l'origine doit être associée aux mouvements de blocs du socle. Dans les parties voisines de la dépression de Rockel, le caractère devient plus tourmenté et on voit se former des structures anticlinales linéaires ondulées aux pendages très raides (jusqu'à 75-85°), orientées parallèlement à la direction des fractures. On observe dans les roches, un clivage intense et par endroit un inversement des couches.

– Les dépôts paléozoïques (Ordovicien Pita, Silurien Télimélé et Dévonien Faro) de la région se caractérisent par un gisement à ondulation plane avec une tendance à un ennoyage des couches en direction Nord-Est avec des pendages de 2-5°.

Les plis isolés sont caractéristiques pour la région, le développement inégal des synclinaux et anticlinaux est à remarquer aussi. D'après nos propres analyses de la carte géologique de la feuille Télimélé, on constate parfois l'absence des synclinaux ; on trouve entre deux anticlinaux consécutifs des compartiments où les couches gisent horizontalement. Tel est le cas du territoire traversé par les cours d'eau Taralokhouré et Darabo ; On observe un anticlinal se terminant en direction par un gisement horizontal des couches.

Dans la zone de la rivière Tonionkou, coulant au sud de la région couverte par la feuille Télimélé, certes le gisement original des couches est remanié, mais il est possible de remarquer la présence des anticlinaux consécutifs séparés par un compartiment, au sein duquel on reconnaît aux couches un gisement sub-horizontal. La plupart des soulèvements sont dissymétriques (absence de pendage orienté) et nous notons que les formes structurales du plissement sont extrêmement variées au point de vue morphologique. On rencontre les dômes de formes circulaires, ovales ou irrégulières. On rencontre les dômes de formes circulaires, ovales ou irrégulières.

– Le diamètre des dômes varie de plusieurs centaines de mètres jusqu'à de dizaines de kilomètres ; il faut noter de plus un soulèvement inégal des couches.

– Le manque de données précises sur le plissement de la couverture, dans les limites de notre région, n'est pas en faveur d'une étude systématique. Néanmoins nous tiendrons compte des résultats des différentes missions soviétiques pour présenter les structures rencontrées dans la région.

L'analyse des éléments du gisement des couches, leur a permis d'établir des structures locales visibles ; ces structures sont soit positives, soit négatives. Leur formation, leur morphologie et leur orientation ont été entièrement conditionnées par la tectonique de bloc du socle cristallin. Les structures remarquables sont représentées par les soulèvements doux à la voûte, des affaissements et des configurations isométriques allongées ou plus compliquées.

Parmi les soulèvements (très nombreux), on note ceux de Sakiré (en amont de Tembou), de kogon (en amont du kogon) dont les axes sont orientés vers le Nord-Est. Le soulèvement de Diyah (dans la vallée de Badi) a son axe orienté vers le Nord-Est. Le soulèvement de Diyah (dans la vallée de Badi) a son axe orienté vers le Nord-Ouest.

Les affaissements sont nombreux, ils constituent les structures négatives conditionnées par les mouvements de blocs ; parmi ces structures nous notons celles de Faro (sur la rive gauche de Badi). Son axe coïncide avec celui de la dépression de bowé de Foundé Kaba (dans la région du massif montagneux du même nom) ; son axe est orienté dans la direction sublatitudinale.

Il est évident que la plupart des structures de plissement est orientée perpendiculairement par rapport à l'axe de la dépression de bowé dont la direction est Nord-Ouest. Ce phénomène témoigne du caractère onduleux de la charnière et de la liaison manifeste de ces structures de plissement avec la tectonique de bloc du socle. Parmi ces structures mentionnées ci-dessus, nous parlerons du soulèvement de Télimélé qui est une structure assez originale dont l'existence est liée à la présence d'une formation de Horst à gradin dans le socle de la plateforme. Le soulèvement de Télimélé est situé dans la partie centrale de la zone anticlinale de Tominé-Kolenté qui est suivie des contreforts Sud de la dorsale Bassari jusqu'en amont de la Kolenté (au Sud). Ce soulèvement existait avant le dépôt des premiers sédiments de la série ordovicienne, puisque les granitoïdes du protérozoïque inférieur (?) ne sont pas recouverts par les sous-séries inférieures de la série Ordovicienne Pita. Seulement au temps de la formation de la 4ème et de la 5ème sous-série, a eu lieu l'affaissement de cette structure présentant probablement une chaînette des îles sous le niveau de la mer.

Les parties centrales du soulèvement de Télimélé sont caractérisées par les épaisseurs fortement réduites de la couverture (400-430 m) par rapport à celle de la dépression de Bowé (1850-2000 m).

En définitive tous les cas mentionnés témoignent de l'histoire compliquée des mouvements qui ont affecté notre région (?). Les compartiments tantôt soulevés, tantôt affaissés pouvaient varier de nombreuses fois, de sorte que la répartition actuelle des plis discontinus de diverses formes n'est pas le résultat global des mouvements verticaux de l'écorce terrestre aux conséquences fort compliquées.

Structures de cassures (les Failles)

Les accidents tectoniques du mésozoïque ont joué un rôle essentiel dans la formation de la morphologie contemporaine. Les travaux géologiques, surtout ceux réalisés par l'Office de Recherches Géologiques (ORG) montrent dans quelles mesures les formations sédimentaires ont été touchées par les failles.

L'analyse de la carte géologique nous montre également que la Guinée maritime est traversée par un grand nombre de failles de directions diverses, exception faite pour les terrains du quaternaire. Ces failles y constituent un véritable réseau. D'une manière générale toutes les cassures sur notre carte géologique se présentent en lignes droites, ce qui veut dire que l'inclinaison du plan des failles est très rapide, elle se situe entre (80 à 90°). Mais la possibilité ne nous a pas été offerte de distinguer la nature des failles en place. À savoir s'il s'agit des failles normales ou inverses. Ces accidents sont mis en relief par le caractère du réseau hydrographique et sont bien identifiés sur la photographie aérienne et par les zones de broyage. La plupart d'entre elles se développent suivant les anciennes zones tectoniques et se caractérisent par de faibles déplacements (50 à 100 m).

– Elles sont suivies en direction sur quelques dizaines et même quelques centaines de kilomètres pour disparaître ensuite en certains endroits sous les formations sédimentaires ; elles se coupent aussi dans diverses directions, limitant ainsi des blocs et servant souvent de frontières géologiques entre les différentes formations rencontrées dans la région.

Ces frontières géologiques mettent en relief les contacts brusques entre les formations d'âges différents, le long desquels s'observent les tectoniques. Ces failles déterminent le caractère de l'érosion en ces endroits. Il est difficile d'établir l'âge relatif des failles car elles se coupent sans ordre déterminé et divers épisodes tectoniques ont découpé cette région.

En utilisant les résultats d'analyses tectoniques de la région, on peut dire que les activités tectoniques très intenses ont eu lieu pendant les périodes Archéo-protérozoïque et mésozoïque. Et les mouvements tectoniques des blocs se sont effectués suivant les failles de deux systèmes de fractures.

Évidemment les déplacements le long de ces anciens joints tectoniques sont liés à la formation des fractures plus jeunes.

Aux cassures anciennes sur le terrain de la Feuille Télimélé par exemple se rapportent deux systèmes de fractures fixes dans le socle de la plateforme et renouvelés plus tard. Ces systèmes manifestés dans la couverture de la plateforme sont le système de Baadi et le système de Télimélé.

La présence de grande quantité de fissures appartenant à la période de l'activation mésozoïque de la plateforme est confirmée par la grande extension des intrusions de trappes sous forme de sills ou de dykes qui ont utilisé pour leur ascension les structures tectoniques de la couverture plateformienne. Les amplitudes de déplacements le long de ces failles varient de 5-10 m à 150 m ; le plus souvent elles sont de 20 à 60 m. Morphologiquement ce sont des zones typiques non minéralisées. Seulement dans les cas isolés (aux monts Fatala et Badi), on observe des zones de brèches et de mylonitisation avec les miroirs de frottement. Rarement on rencontre des zones de broyage avec les hydroxydes de fer. La largeur des zones de failles atteint 3-5 m.

En se basant sur les zones de broyage traversant les formations homogènes et uniformes, il est difficile de tirer une conclusion sur les amplitudes de déplacement des couches et par conséquent sur les proportions des disjonctions tectoniques. Dans certains cas, on peut établir un déplacement précis le long des disjonctions des éléments stratigraphiques. Telles que les limites des suites des séries de Pita et de Télimélé ou des nappes d'intrusion de roches basiques comme exemple, en amont du Solon dans la localité de Samaya, le long d'une faille de disjonction Nord-Ouest, a eu lieu un déplacement des sédiments siluriens et des formations ordoviciennes à une distance de 70 m. Selon leurs particularités morphologiques, nous avons pu distinguer six systèmes de failles. Les plus représentatifs parmi eux se déchiffrent facilement sur les photo-aériennes et ont des pentes fortes et des amplitudes de déplacement de quelques dizaines de mètres, rarement de100 à 200 m.

Système de failles (0 à 10°)

L'existence de ce système est confirmée par la frontière géologique d'érosion et par l'orientation sub-méridinale de certaines rivières. Ces failles se manifestent largement dans la région, mais s'expriment très faiblement sur le terrain. En général les failles de ce système se caractérisent par un plan de faille très rapide (presque vertical) et elles se rapportent aux types de failles normales ou inverses. D'après leur faible manifestation sur le terrain, on peut supposer qu'elles sont très anciennes.

Système de failles (25-30°)

Les failles de ce système sont très fréquentées dans les régions. Elles y déterminent l'orientation de très longs segments des rivières et de certains fleuves comme la Fatala et le Konkouré. Dans certains cas, elles marquent la frontière entre formations géologiques d'âges différents.

Dans les vallées de la rivière Télébou et fleuve Fatala elles ont servi de chemin pour le magma basique qui conditionna la formation des sills doléritiques parmi les roches siluriennes et dévoniennes. Leur amplitude verticale varie entre 50 et 150 m. En dehors des déplacements verticaux, on observe le long de ces failles, des déplacements horizontaux qui peuvent atteindre plusieurs dizaines et même quelques centaines de mètres.

Les failles de ce système se manifestent moins dans les régions du Dévonien ; on peut expliquer cela par le fait qu'elles sont souvent masquées par ces formations.

Système de failles (45-50°)

Nous remarquons que ce système de failles a un développement plus intense que le système précédent, ces failles sont examinées sur une distance variant de 5 à25 kms. Leur amplitude verticale est de quelques dizaines de mètres, elles contrôlent la frontière entre le Dévonien et le Silurien et s'accompagnent parfois des zones de broyages des roches qu'elles affectent, et leur largeur peut atteindre plusieurs dizaines, voire même des centaines de mètres.

Ces zones se caractérisent par l'existence des tectonites (cataclasites, mylonites et plus rarement des brèches tectoniques).

Système de failles (270- 275°)

Les failles de ce système, tout comme les failles du système subméridional sont difficilement établies sur le terrain, ce fait témoigne que les mouvements tectoniques généralement de ces failles se sont déroulés il y a probablement très longtemps.

- Système de failles (315-320°)

Ce système se manifeste très nettement, et ses failles recoupent perpendiculairement celles du système de (45-50°) ; elles compliquent en certains endroits la structure tectonique de la région et forment des zones tectoniques dont la largeur peut atteindre 500m et même 1000-2000 m.

- **Système de failles (330 - 340°)** : elles sont très rependues, les failles de ce système. Le long de ces failles, on observe des déplacements horizontaux atteignant 100-200 m. La distance entre les failles varie de deux à vingt kilomètres. Elles contrôlent la frontière entre les formations ordoviciennes et siluriennes, dans cette zone elles ont occasionné la déviation du fleuve Konkouré vers le Sud-Est.

L'analyse de la carte géologique nous permet d'affirmer, que dans la région d'étude, les directions des fractures les plus importantes coïncident avec celles des principales fractures de l'Afrique, elles sont orientées suivant deux directions orthogonales privilégiées qui sont : Nord-Est et Nord-Ouest. Les différences du régime tectonique des différentes étapes de la plateforme Africaine ont conditionné l'apparition des blocs tectoniques dont les dimensions, le régime et l'orientation peuvent varier, ces blocs sont soit affaissés soit soulevés.

Rôle des failles

Les failles ont contrôlé pour une large part la mise en place et même la morphologie des intrusions mésozoïques. Ces failles se sont formées au cours des mouvements d'extension de l'écorce terrestre et ont servi de chenaux pour les fusions magmatiques.

Pour la région d'étude, il semble bien probable que le massif de Kaloum représente un pluton à différenciation complexe de fissures dont la localisation s'est effectuée dans une zone tectonique de direction Nord-Est, et en partie le long des régions limitrophes, entre les structures du socle et celles de la couverture. La mise en place du massif s'est déroulée dans les conditions tectoniques calmes. Cette preuve est donnée par la différenciation subhorizontale des roches dans les périmètres d'extension du Mont Kakoulima.

– Les syénites néphiliniques des îles de Loos sont situées sur une aire où se croisent deux fractures abyssales de direction Nord-Est et Nord-Ouest. L'existence de la première est confirmée par la morphologie du massif de Kaloum dont la mise en place fut contrôlée également par une de ces fractures.

– La présence de la deuxième est établie par des études gravimétriques suivant lesquelles, un passage assez brusque de l'écorce continentale typique à l'écorce continentale typique à l'écorce océanique se dessine dans cette région (Domenits Kaia, 1967).

– Les intrusions de la formation de trapp, perçant d'une manière intense les assises hétérogènes siluriennes et dévoniennes se sont formées au cours de la réactivation mésozoïque de la plateforme Africaine, quand avaient eu lieu la formation de nombreuses failles du Gondwana et l'activité magmatique assez intense, celles-ci mènent à la mise en place de nombreux dykes et nappes d'intrusion de composition basique. Ces intrusions se localisent le plus souvent dans les anciennes zones tectoniques qui ont subi un rajeunissement à l'époque mésozoïque et ont surtout servi de chenaux pour le magma. On site parmi ces anciennes zones tectoniques, les grandes fractures du socle (Tominé-Kolenté), la faille de Badi etc…

Ainsi nous dégageons pour notre région les faits suivants :

– Les grandes intrusions se rencontrent dans les zones d'intersection des failles Nord-Est et Nord-Ouest. Les intrusions ont des contacts brusques avec les roches encaissantes, préfèrent les zones de discordances entre les formations géologiques et se retrouvent également dans les zones de broyage.

– Nombreuses sont les failles qui sont remplies de matériaux magmatiques. Une confirmation assez originale de l'existence de cassure remplie de matériaux magmatiques se rencontre dans la région de Télimélé (près du Mont Sacoma). Il s'agit d'un dyke de gabbro-diabase qui coïncide avec une faille dont la longueur est plus grande que celle du dyke.

– Dans la région du Mont Tour-Guémé, une zone de broyage parmi les granitoïdes du Protérozoïque supérieur, est pénétrée par une série de dykes mésozoïques ; toutefois par suite des mouvements tectoniques (les déplacements le long de ces ruptures), les dykes des zones renouvelées sont broyés, transformés en brèches et souvent schistifiés. Tout cela témoigne du rôle combien important, joué par les cassures pour la mise en place des intrusions.

– En conclusion nous retenons que dans les limites de la Guinée maritime, l'activité mésozoïque de la plateforme s'est traduite par un rajeunissement ou une apparition de nouvelles zones tectoniques avec une venue postérieure des intrusions de composition ultrabasique, basique el alcaline (magmatisme trappéen).

Répartition des Intrusions Mésozoïques

En utilisant les données géologiques fournies par certains chercheurs tels que Chetelat 1963,1946, E. Termier 1949, Furon 1950, Mikaïlov 1969, celles des différentes missions de levé géologique pour les feuilles Conakry-Forécariah, Boffa, et soutenues par nos propres observations, nous retiendrons les faits suivants concernant l'étude de la répartition des intrusions dans les limites de la Guinée maritime.

Les intrusions occupent des positions préférentielles dans le relief, de plus elles troublent la stratigraphie de la région. Elles constituent des corps stratiformes, subhorizontaux et sécants. Ces roches observées à toutes les altitudes depuis la côte 50-60 m (lit de la Kolenté) en passant de la côte 1100 (Mont Gangan) à la côte 1450 m (Mont Linsan). Elles occupent en général les secteurs les plus élevés et reposent sur les différentes formations de la région, plus rarement ces roches se rencontrent sur les versants des vallées où elles forment des corps complexes à plusieurs étages. Elles sont également très répandues dans les lits des cours d'eau. Nous savons aussi que la formation des intrusions est conditionnée par les particularités de la structure tectonique de leur lieu de manifestation.

C'est pourquoi dans ce paragraphe nous tiendrons beaucoup compte des roches encaissantes, dans lesquelles on rencontre les intrusions en question. Ces roches encaissantes possèdent des propriétés physico-mécaniques différentes et ont joué un rôle prépondérant dans la répartition des intrusions. Par exemple les grès plus rigides favorisent des cassures brusques et importantes, tandis que les schistes et aleurolites permettent au magma de s'insinuer dans leurs strates. C'est autant dire qu'il est plutôt aisé de rencontrer des intrusions sécantes parmi les grès que les formations siluriennes.

Dans la région, le Silurien est relativement abondant et occupe pratiquement toute la partie Est de la région, où l'on observe quelques enclaves de l'Ordovicien (par exemple dans les environs de la vallée de la Fatala et ses affluents). Les dépôts ordoviciens sont aussi très répandus, ils bordent le littoral sur toute sa longueur jusqu'en Guinée Bissau. Pour les sédiments dévoniens, en dehors de la zone Nord (Gaoual-Boké-Télimélé), où se localisent les affleurements les plus importants, ils ne se rencontrent, dans les limites de la région, que sous forme de lambeau. Ces formations d'âge paléozoïque sont dérangées par les sills, les laccolites et les dykes. Les laccolites ne sont pas très répandues ; à ce type d'intrusion on associe le massif de Kaloum. Pour sa mise en place, l'intrusion de Kaloum a vraisemblablement utilisé en partie la zone disposée entre les formations de la couverture et le socle cristallin. C'est ce qui explique l'élargissement du massif. Il est composé de roches ultrabasiques (dunite, péridotite, pyroxénite) et basiques (gabbro, gabbro-norite et norite). Les sills sont au contraire très fréquents dans la région. Ils sont formés de roches basiques (gabbro, diabase, kongo-diabase et dolérite). Ces roches sont situées dans les formations siluriennes et dévoniennes, elles recouvrent les formations ordoviciennes et occupent parfois les zones limitrophes des dépôts paléozoïques, permettant ainsi d'établir le contact stratigraphique. Ce complexe d'intrusions, assez rependu se manifeste surtout dans les aleurolites du Silurien et du Dévonien Les sills dans les formations siluriennes ont une épaisseur de 60 m environ, tandis que dans le Dévonien, ils ont une épaisseur maximale de 120 m. Le long d'une même coupe géologique, on peut observer un grand nombre de filon-couches alternant avec les roches sédimentaires. Sur la coupe stratigraphique du Silurien et du Dévonien, on peut compter 4 à 6 horizons doléritiques de 10 à 60 m de puissance (région du Cap Verga). Une des caractéristiques de l'assise dévonienne est l'abondance des sills doléritiques. Toute la série dévonienne est constituée d'une succession de couches d'aleurogrès et de grès, en grains fins quartzeux à stratification parallèle et de faible épaisseur. Cette succession de couches est souvent interrompue par de nombreux sills, qui transforment très souvent les aleurogrès par métamorphisme de contact.

- Aleurogrès métamorphisé
- sill doléritique
- Aleurogrès métamorphisé avec fossiles
- Aleurogrès métamorphisé
- Sill doléritique
- Croûte d'altération

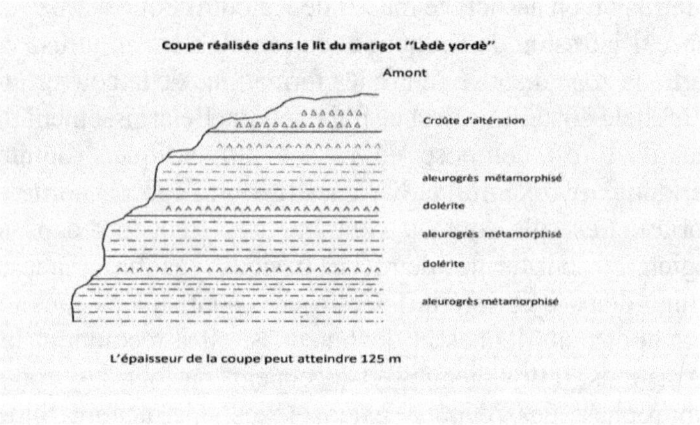

À environ 6 à 7 km en amont de Tinketa, dans le lit du marigot « Lèdè Yordhè », la coupe nous donne la succession suivante de bas en haut.

Comme on le voit, l'abondance des aleurogrès est remarquable, ils gisent avec un angle de pendage de 1-2°. Le contact avec les sills doléritiques est concordant. L'épaisseur des sills dans cette région peut atteindre 25 à 30 m. Le lit du marigot se présente en escalier dont les marches sont constituées par les différents horizons d'aleurogrès. L'épaisseur totale de la coupe peut atteindre 125 m. Cette coupe nous édifie sur la nature de la position stratigraphique des intrusions de la région, elles sont plus fréquentes parmi les dépôts qui caractérisent l'alternance des couches de grès stratifiés à grains fins, aleurolites et argilites et rare dans les grès grossiers. Dans les limites de la Guinée maritime, les dykes (intrusions discordantes) qui résultent du remplissage des fissures, constituent une partie relativement insignifiante des formations intrusives. Les roches de dykes sont les gabbro-diaclases, kongo-diaclases.

Les dykes recoupent les formations archéennes, les granites éoprotérozoïque, tardiprotérozïque, rarement les roches d'âge Ordovicien, Silurien et Dévonien. Ils sont contrôlés par les fissures sans rejet (localité de Tondon par exemple) ; les zones de fissures très intenses ou des joints tectoniques très anciens.

La direction prédominante des dykes est Nord-Ouest, rarement sublatitudinale et sublongitudinale. Ils sont observés dans la rivière Soumba Bassika, dans la localité de Tondon et dans la région de Mélikhouré (Forécariah).

La position isolée de l'archipel de Loos, au large de l'Océan et l'absence des contacts visibles du massif alcalin avec les roches stratigraphiquement déterminées et les roches ultrabasiques de la presqu'île de kaloum, rendent difficile le déchiffrement de sa structure et de sa position géologique.

Il est tout de même évident que les roches alcalines de l'archipel forment une intrusion annulaire ayant plus de 150 km^2 de superficie qui est située à l'intersection ou près de l'intersection de deux failles orientées presque perpendiculairement.

En conclusion nous remarquons que les manifestations des intrusions sécantes (dykes) dans les limites de la région d'étude sont beaucoup liées aux roches du socle et des intrusions concordantes (sills) se localisent dans les dépôts paléozoïques.

CHAPITRE VI

Morphologie des Intrusions Mésozoïques

Les intrusions se traduisent par plusieurs formes, suivant les conditions de leur formation et de leurs rapports avec les roches encaissantes. On y distingue les intrusions concordantes et discordantes. Le magma traverse la croûte terrestre le long des lignes de faible résistance. Il peut pénétrer le long des surfaces de stratification, en formant des corps qui gisent en concordance avec les roches encaissantes. Ce sont des intrusions concordantes.

La catégorie des intrusions discordantes se caractérise par des surfaces de contact coupant les plans de stratification.

- Intrusions concordantes

Dans les limites de la région on rencontre les corps magmatiques concordants suivants : laccolites et sills.

– Les laccolites et les sills se solidifient à une faible profondeur de la surface terrestre. Ils ont la forme d'un dôme au toit, et sont plus au moins plats à la base. Leurs dimensions sont relativement petites et varient entre 100 m et quelques kilomètres de diamètre. Une laccolite se situe en concordance avec les roches encaissantes. Lors de son intrusion, elle les déforme mécaniquement en relevant leur toit. Le massif de Kakoulima est un exemple de laccolite, il s'étant sur une longueur de 50 km et 5 à 8 km de largeur.

***Photo B :** le Mont Kakoulima en Guinée (un exemple de laccolite concordant avec les roches encaissantes)*

Ce massif se compose de roches ultrabasiques et basiques. La dunite constitue la première couche de roches magmatiques et repose sur le socle cristallin composé d'ortho-gneiss et de granites protérozoïques qui sont observés dans la région de Friguiadi.

– La deuxième couche est formée par les péridotites et pyroxénite (épaisseur 100-150 m). Au- dessus des péridotites et pyroxénites se rencontrent des couches de roches basiques ayant (200-250 m d'épaisseur. Leur partie inférieure se compose de gabbro à olivine qui passe aux gabbro-norites, puis aux norites. Les Systèmes de failles de direction Nord-Ouest divisent le massif de Kaloum en trois blocs : Bloc de Kakoulima, Bloc de sommet 500 m, Bloc de sommet 267 m. Ces blocs abaissés ou soulevés montrent que cette laccolite se différencie de la base au sommet. Le bloc de sommet 267 m est composé en général par les dunites, celui de 500 m montre le toit du massif.

– Les sills sont des corps intrusifs en forme de banc qui gisent entre deux couches en concordance avec les roches encaissantes. Les surfaces de contacts des sills sont assez nettes, on établit très bien le gisement subhorizontal du toit et du mur. Les corps intrusifs sont inclinés de 2-5 degrés par rapport aux éléments des roches encaissantes.

Pour les corps concordants sont caractéristiques par la prédominance de la longueur et celle de la largeur sur l'épaisseur. La puissance des sills de la région varie dans les larges limites de1 à10 m, rarement jusqu'à 150-200 m ; en moyenne elle est de 20-40 m. La superficie de leur extension est considérable, elle constitue des dizaines et même des centaines de kilomètres carrés (Région de Télimélé et du Cap Verga). Les roches des sills sont les gabbro-diabases, dolérites et konga diabases.

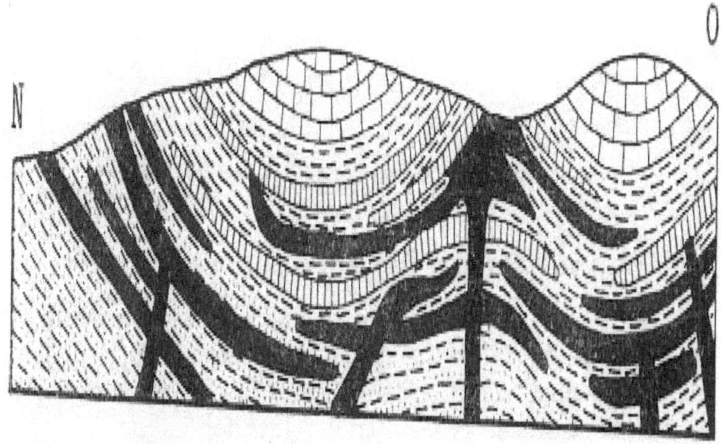

Schéma (2) : Un exemple de corps concordants (noirs) dans les sédiments aux environs de Prague (Tchéslovaquie d'alors)

- Intrusions discordantes

– Les dykes sont les roches éruptives solidifiées dans les fissures inclinées ou verticales. Les dykes percent les couches stratifiées sous un certain angle, ils ont généralement une forme plate et une largeur faible par rapport à la longueur. Peu nombreux dans la région, ils sont orientés au Nord-Ouest et sont suivis sur quelques kilomètres. Ils se composent de gabbro-diabases, dolérites et konga-diabases. L'épaisseur de certains dykes varie de quelques centimètres à deux ou trois mètres et parfois de 5 à 10 m, elle atteint dans quelques cas isolés 120-200 m (le cas des dykes gisant entre les granitoïdes de la région de Tour-Guémé et celle du mont Kakoulima). Les dykes de la région sont des corps à pendage fort (75-90°).

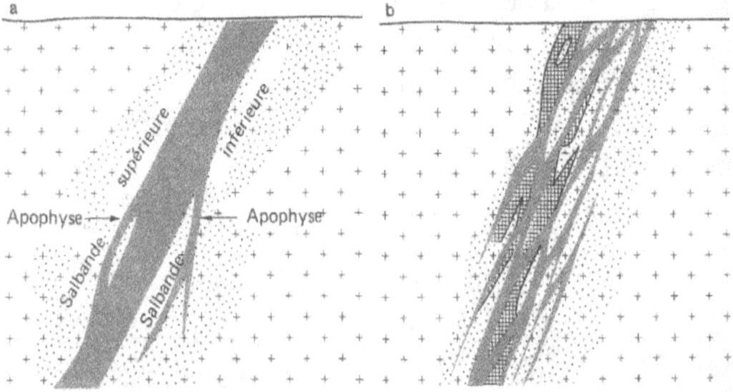

Figure1 exemple de filons d'intrusion discordante :
a) filon simple ; b) filon composé (V.Smirnov)

- Métamorphisme des roches encaissantes

C'est le métamorphisme de contact qui se manifeste le plus souvent dans les limites de la région. Pratiquement toutes les roches sédimentaires ont subi plus ou moins ce phénomène qui est typique pour les dépôts de la série Télimélé et partiellement pour les formations dévoniennes de la série Faro.

Le métamorphisme des grès ordoviciens Pita est très rare, sur le terrain il se remarque par la présence des grès un peu quartzifiés se débitant en prisme court près des dolérites. Dans les formations siluriennes la zone du métamorphisme est d'une très grande extension dans les aleurolites, où elle peut atteindre parfois plusieurs dizaines de mètres. Parmi les roches métamorphiques on peut citer, les schistes argileux, les schistes tachetés et les cornéennes. Les formations dévoniennes connaissent une zone d'extension du métamorphisme très réduite, étant donné que ce sont les grès, les aleurogrès qui prédominent. Pour l'ensemble du territoire, les roches métamorphiques sont assez abondantes, elles sont visibles dans les lits des cours d'eau. Cette abondance s'expliquerait probablement par la présence des sills doléritiques. Les zones les plus épaisses des roches métamorphiques sont observées dans les toits des grands sills doléritiques, en contact avec les argilites du Silurien (Mont Faro). La Composition des roches dans les zones d'exo contacts des sills est la suivante :

– Les quartzites et les microquartzites se développent sur les grès, les cordiérites dans les roches argileuses, les cornéennes à andalousite et andalousite cordiérite sont caractéristiques pour les roches argileuses, et les métasomatites à actinolites-cordiorite sont développées sur les aleurolites sériciteuse- quartzeuses. Le plus souvent les cornéennes contiennent de petites disséminations de sulfures, de pyrites et de la chalcopyrite.

CHAPITRE VII

Géochimie des Intrusions Mésozoïques

Les différentes roches, objets de la présente étude ont été soumises aux analyses pétrographiques, chimiques, pétrochimiques et à l'interprétation du diagramme pétrochimique.

Étude pétrographique

Les roches suivantes ont été soumises à une étude pétrographique : dunite, péridotite, pyroxénite, gabbro, gabbro-diabase, dolerite, syénite nephélinique à haüyne-noseane à amphibole noire et oegyrine lavenite.

- Les dunites

Toute la bordure du Mont Kakoulima et toute la presqu'île de kaloum sont constituées de dunites qui sont fortement latéritisées.

À cause de ce phénomène leurs affleurements sont très rares. Ces roches se rencontrent surtout dans les tranchées du chemin de fer (Gare de Kouriah) et dans les lits des rivières Bondabon (au nord-ouest) et Kitima (au Sud-Est).

Les dunites sont des roches vert-foncées ou noires souvent schistifiées, diaclasées, elles sont parfois sensiblement serpentisées ; les dunites sont compactes massives à grains moyens parfois porphyroïdes.

La composition minéralogique est souvent monotone et régulière. Les minéraux principaux sont l'olivine et le pyroxène. L'olivine constitue 90-97% de la roche et se présente sous forme de grains idiomorphes de 0,2-5mm, rarement ils atteignent 1mm.

Dans les variétés fortement serpentinisées, l'olivine ne subsiste qu'à l'état de grains résiduels. Les cristaux d'olivine sont souvent coupés par des fissures.

– Le pyroxène est représenté par la bronzite ou le diallage sous forme de grains idiomorphes 0,1-0,2mm.

– La serpentine est présente dans les dunites comme minéral secondaire ; elle se développe sur les fissures ou forme les filets très fins.

– Le plagioclase forme des cristaux xénomorphes dans certaines variétés de dunites, il s'agit de la bitownite n°73 de (3 à 7%) comme élément accessoires dans les dunites

- Les péridotites

Les péridotites se rencontrent par endroit dans la partie supérieure des couches de dunites. La péridotite est une roche formée essentiellement d'olivine (50%), de pyroxène (40%) et le plagioclase comme minéral accessoire.

– Le pyroxène est représenté par le diallage et la bronzite, le plagioclase par la bytownite.

Les péridotites sont identiques aux précédentes roches, la différence réside dans la composition des interstices des grains d'olivine. Dans les péridotites, hormis le plagioclase, les interstices sont remplis de pyroxène monoclinique et le plus souvent de pyroxène rhombique. On rencontre les mêmes minéraux secondaires et accessoires que dans les dunites.

D'après leur composition minéralogique, on distingue les variétés suivantes : les péridotites avec les pyroxènes rhombiques (bronzite), s'appellent harzburgites.

– Les péridotites avec pyroxène monoclinique sont dites verlises ou clinopéridotites.

– Les péridotites contenant les pyroxènes monoclinique et rhombique sont dites pherzolites.

- Les pyroxénites

Les pyroxénites se rencontrent entre les dunites et les gabbro-norites sur les flancs de la montagne Kakoulima et dans les environs.

– Les pyroxénites sont des roches marron-verdatres, elles sont massives à grains moyens de texture poecilitique conditionnée par la présence de gros cristaux de bronzite renfermant des agrégats d'olivine.

La composition minéralogique des pyroxénites est la suivante : olivine (20%) ; bronzite (50%) ; diallage (25%) ; bytownite (5%).

La bronzite est représentée par une variété incolore ou légèrement rosacée ; elle présente un très faible pléochroïsme rosacé-jaunâtre. L'angle des axes optiques varie de 77 à 85°.

On distingue les variétés suivantes : bronzitite (si la pyroxénite contient seulement de la bronzite) et webstérite (contient le pyroxène monoclinique)

- Les gabbros

Les gabbros sont plus rares et ne se distinguent qu'au microscope, les minéraux dominants sont les plagioclases (45%), le pyroxène monoclinique. La quantité d'olivine ne dépasse pas 20%. Le plagioclase est représenté par la bytownite ou le labrador, il a une forme prismatique allongée, la dimension des grains peut atteindre 0,7 à 0,21mm.

Avec l'analyseur on observe des macles polysynthétiques. Le pyroxène monoclinique est dans cette roche représenté par le diopside qui forme des grains se trouvant entre les plagioclases. L'olivine se présente sous forme de grains isométriques

- Les gabbro-norites

Ce sont des roches de couleur gris-noirâtres avec irisation provoquée par les plagioclases. Les roches se composent de plagioclases bytownite (37%) de pyroxène monoclinique (35%) de pyroxène rhombique (20%), d'olivine (13%)

La bronzite forme des cristaux très grands (3 à 4mm), ils sont allongés et portent des agrégats d'olivine et de pyroxène monoclinique. Son indice de réfraction est égal à 1,687. Le diallage se rencontre sous forme de courts cristaux faiblement idiomorphe montrant une teinte verdâtre. L'olivine se présente sous forme de grains isométriques d'une taille de 0,7 à 1,2mm. Les minéraux secondaires sont : chlorite et antigorite, la texture est gabbroïde ou ophitique.

- Les gabbro-diabases

Les gabbro-diabases se composent de plagioclase (55 à 60%), de pyroxène monoclinique (35 à 40%) du groupe de diopside augite d'hornblende brune (1-2%), de biotite. Les gabbro-diabases avec quartz renferment jusqu'à 2% de quartz, celles à olivines contiennent près de 5% d'olivine. Les plagioclases de ces roches sont des léistes et des tablettes à configuration irrégulière, de dimensions fr 0,5- 2,0 mm.

Le pyroxène monoclinique constitue des grains isométriques ou faiblement allongés, parfois à une coalescence étroite avec des pyroxènes situés entre les leistes des plagioclases. L'augite est souvent zonale et se présente en petite quantité.

La hornblende forme de rares cristaux allongés de dimensions de 0,1-0,3 mm, parfois elle forme des bordures autour du pyroxène monoclinique. La biotite remplace le pyroxène et se rencontre aussi indépendamment sous forme de plaque

- Les dolérites

Elles sont sombres, la couleur dominante est verte. Les grains sont fins (microgrenus) difficilement observables à l'œil nu. Elles se composent de plagioclases (45-55%) de pyroxène monoclinique et rhombique, de quartz et de l'olivine (1-3%).

Le plagioclase dans les dolérites est représenté par la bytownite ou le labrador. Il se présente en grain prismatique allongé dont la taille est de 0,1 à 0,2 mm.

Le pyroxène sous forme des grains xénomorphes d'augites de petites dimensions entre les plagioclases. Cette augite est dans une partie des échantillons transformée en ouralite et en agrégat de chlorite, calcite et épidote. Dans d'autres types, l'augite est accompagnée d'une hornblende brune. Les grains d'augite sont alors entourés de couronnes d'aiguilles d'hornblende idiomorphe qui se sont développés en association homoaxiale sur le pyroxène. L'olivine a des grains arrondis et est ordinairement substituée par la serpentine. Les minéraux secondaires sont : Chlorite, épidote, et les minéraux accessoires sont : zircon, oxyde de fer. La structure est ophitique et se caractérise par un idiomorphisme des plagioclases.

- Les syénites néphéliniques à haüyne-noseane

Cette syénite est représentée par une roche à texture porphyrique (observée sur la surface fraîche) et trachitique (examinée en surface altérée). La structure oscille de la grenue à la microgrenue. Les gros cristaux d'orthose de forme isométrique ou allongée sont gris ou gris sombre, bien visibles. Ils ont un clivage net et parfait. Les interstices sont occupés par la néphéline qui constitue 8 à 10% de la roche. Le minéral apparaît en grain plus petit de couleur brunâtre-sombre. On remarque sur la surface des inclusions de minéraux noirs de dimensions très petites et des disséminations des minéraux bruns représentés par le sphène et d'haüyne-noseane. La roche est composée d'orthose et albite (70%), néphéline (8%) haüyene noseane (10%) sphène (3%), titano-magnétite (9%).

- Syénite néphélinique à amphibole noire

C'est une roche à texture, tachetée, à gros grains, représentée principalement par le feldspathe sodico-potassique (orthose) et la néphéline. Tous les minéraux constitutifs de la roche se distinguent assez nettement à l'œil nu. La syénite est composée de 40% d'orthose, 31% d'albite, 10% de néphéline, 10% d'amphibole-pyroxène, 7% de titanomagnétite et de 2% de sphène.

Au microscope les grains prédominés de feldspath sodio-potassique sont représentés par l'orthose, ayant la forme prismatique allongé (100). Ce minéral se présente en surface fraîche et aussi en surface pellitisée de couleur blanchâtre, albitisée de couleur blanchâtre. La néphéline apparaît très fraîchement parmi les grains pellitisés d'orthose. L'amphibole généralement zoné de brun-foncé et de vert, de forme prismatique est représenté par la barkevicite. Le sphène a une forme allongée, avec une coloration allant du jaune-brunâtre à l'incolore. Il existe en outre un peu de titanomagnetite opaque en lame mince.

- ***Syénite néphélinique à aegyrine et lavenite***

Elle est composée d'orthose et de l'albite (64%), de néphéline (11%), d'aegyrine (7%), de lavenite (1%), de sodalite (4%) et de la titanomagnetite (13%).

Au microscope les cristaux d'orthose sont généralement aplatis, pellitisés et en voie de transformation en albite. L'aegyrine montre dans la lame colorée en vert d'herbe avec un pléochroïsme intense dans le vert. La lavenite jaune claire se décèle dans les lames. La néphéline et la sodalite englobent plus ou moins les minéraux cités plus haut dont on remarque une orientation particulière.

Composition chimique des roches

Il est bien connu d'après Verdnasky que toutes les roches contiennent la majorité des éléments du système périodique de Mendélev. Ces éléments se présentent dans les proportions différentes. On systématise le chimisme des roches par 10 éléments chimiques ou par onze (11) composants principaux qui sont toujours présents dans les roches en quantité considérable.

La composition chimique des roches nous est donné comme la teneur (ou pourcentage) des oxydes suivants :

SiO_2, TiO_2, Al_2O_3, Fe_2O_3, FeO, MnO, MgO, CaO, Na_2O, K_2O

Malgré le nombre très restreint d'analyses, toutes les variétés des roches rencontrées, dans les limites de la région d'étude, ont été soumises à l'analyse chimique.

Ces résultats nous ont permis de procéder à une comparaison entre les différentes variétés de roche (ces résultats figurent dans le tableau n°1).

D'après la teneur en silice (SiO_2) les roches se rapportant aux intrusions mésozoïques se divisent en roche ultrabasique et basique auxquelles s'ajoutent les syénites néphéléniques des îles de Loos représentant un groupe à part (voir tableau).

D'après la teneur en alcalis (Na_2O + k_2O) qu'on a confronté avec la teneur en Al_2O_3 toutes les roches se subdivisent en deux groupes : rang ordinaire ou normal et le rang alcalin.

– La roche se rapporte au rang ordinaire ou normal si la double somme des alcalis est inférieure à la teneur en alumine. Parmi ce groupe on a la formule : **$2(Na_2O + K_2O) < Al_2O_3$**, et sont concernées les roches suivantes de la région, dunite, péridotite, pyroxenite, dolerite, konga-diabase, gabbro-diabase, gabbro-norite, norites.

Certaines roches se rapportent au rang alcalin si **$2(Na_2O + K_2O) > Al_2O_3$**, nous avons pour ce groupe les syénites néphéliniques à haüyane-noseane, à amphibole noire et à aegyrine-lavenite.

– En procédant à une comparaison entre les groupes de roches on remarque que les dunites, péridotites et pyroxénites qui sont des roches ultrabasiques sont pauvres en silice (35,5%) en Al_2O_3 (1,93%), en K_2O+Na_2O ; par contre très riches en MgO et FeO+Fe_2O_3.

Dans les roches basiques la composition chimique est presque homogène ; la teneur en silice varie de (48,84% à 53,38%).

La teneur en alumine ($Al_2 0_3$) est supérieure à celle des roches ultrabasiques et elle varie de (12,0% à 15,30%).

La teneur en Mg0 est plus petite (3,62-16,02%) et la teneur en $Na_2 0$ dépasse deux ou trois celle en $k_2 0$.

La composition chimique des syénites néphéléniques est très stable. La teneur en $Si0_2$ est environ égale à 60%, $Al_2 0_3$ (23%), ($Fe_2 0_3$+Fe0) varie de 5-6%, la teneur des alcalis est très élevée et varie de (13-14%).

Tableau n°1 : Résultats des analyses chimiques des intrusions mésozoïques

	Nom de la Roche	SiO_2	TiO_2	Al_2O_3	Fe_2O_3	FeO	MnO	MgO	CaO	K_2O	Na_2O	H_2O^-	H_2O^+	P_2O_5
ROCHES ULTRABASIQUES	Dunite	35 ,5	0,1	1,00	8,00	11,04	0,40	37,7	0,04	0,03	0,05	6	23	0,05
	Peridiotite	35,36	0,15	1,93	5,61	13,29	0,31	36,92	0,50	0,04	0,04	1,6	4,48	0,07
	Pyroxènite	34,14	0,18	1,18	7,26	8,87	0,18	37,70	0,71	0,02	0,03			0,07
ROCHES BASIQUES	Gabbro	51,06	0,58	12,0	2,00	8,50	0,20	13,20	10,20	0,15	1,50	0,10	0,44	0,05
	Gabbro-norite	48,84	0,58	15,30	3,20	7,52	0,18	16,02	1,32	0,25	1,82	0,25	0,14	0,09
	Gabbro-diabase	50,92	1,26	14,56	0,77	9,77	0,17	7,86	9,94	0,67	2,14	0,2	0,14	0,15
	Dolerite	51,47	1,01	14,63	0,87	9,39	0,17	7,19	9,96	0,64	2,27	0,30	8	0,20
ROCHES ALCALINES	Norite	53,64	0,93	13,00	2,55	7,86	0,19	3,62	8,73	0,92	2,17		1,03	0,15
	Syénite néphélinique *à haüyne noséane*	55,85		20,30	1,28	1,73	nd	0,54	2,15	6,03	9,93			0,10
	à amphibole noir	8,85	0,50	20,28	1,34	1,04	nd	0,36	1,50	7,01	6,74			0,02
	à aegyrine-lavenite	57,46		22,34	2,10	2,16	nd	0,46	0,91	4,48	9,84			0,17

Pétrochimie des intrusions

Plus haut nous avons procédé à la comparaison des différentes roches à partir de leur composition chimique mais aucune caractéristique génétique ne sera obtenue par celle-ci. Il existe à cet effet quelques procédés ou méthodes qui se basent sur les lois de la chimie physique et qui tiennent compte des faits géologiques établis par différents géologues. Parmi ces méthodes on peut citer celles d'Osann, de Niggli, de Becke, de Michel-Levi et d'autres.

Nous avons quant à nous, utilisé la méthode de Zavaritsky pour interpréter nos analyses chimiques.

Les résultats des paramètres pétrochimiques des différentes roches sont rassemblés dans le tableau n°2.

– Nous avons représenté sur un diagramme pétrochimique les résultats inclus dans le tableau n°2 ;

– sur le même diagramme il a été représenté les paramètres pétrochimiques des types étalons de Dely et de Soloviev (Tableau n°3). Une comparaison des deux données sur le diagramme a permis de nous faire une idée sur les roches par une simple observation des positions des vecteurs et de leur direction.

Tableau n°2 : Paramètres magnétiques des intrusions mésozoïques

N°	Nom de la Roche	a	c	b	s	à	f'	m'	n	t		c'
1	**Dunite**	0 ,6	0,1	66,4	32,2	-	12,7	77,9	90,3	0,16	8,3	0,1
2	**Peridiotite**	1,7	0,3	65,4	32,6	-	15,6	77,60	88,8	0,33	5,9	0,76
3	**Pyroxènite**	1,02	0,17	66,2	52,5	-	10,6	80,4	80,7	0,5	7,7	1,1
4	**Dolerite**	5,8	6,8	27,6	59,6	-	32,50	44,5	84,7	1,55	2,98	44,2
5	**Gabbro-diabase**	5,5	6,8	28,6	58,8	-	32,3	29,6	84,14	1,73	2,3	42,28
6	**Gabbro**	4,6	5,1	36,1	54,1	-	20	57	65	0,2	4,1	31
7	**Gabbro-norite**	7,02	6,5	32	55	-	22,17	84,6	55,2	0,97	8,52	4,9
8	**Norite**	6,8	5,8	22,3	64,9	-	35,38	28,8	78,7	1,25	10,38	50,3
9	**Syénite néphélinique à haüyne noséane**	28,2	3,9	1,9	65,9	-	88,8	44,4	76,6	-	96,2	14,4
10	**à amphibole noir**	25,7	1,5	3,3	69,2	-	29,1	16,1	59	0,4	33,3	56,2
11	**à aegyrine-lavanite**	27,6	0,9	6,6	64,6	-	29,2	10,1	57,07	-	26,2	16,1

Tableau n°3 : Paramètres magnétiques de Dely et Soloviev

N°	Nom de la Roche	a	c	b	s	à	f'	m'	n	t		C'
1A	Dunite de Dely	0 ,2	0,4	65,1	34,3	-	59,0	90,5	100	-	-	0,5
4A	Dolerite de Dely	7,4	6,7	38,6	58,0	-	58,6	41,2	79,6	-	-	20,2
6A	Gabbro de Dely	7,1	8,7	37,2	57,2	-	52,5	48,8	80,4	-	-	18,7
8A	Norite de Dely	7,1	8,7	26, 4	57,8	-	37,7	33,3	80,4	-	-	90
S	Syénite Solobiov	26,6	1,6	6	65,8	-	69,4	16,4	69,8	-	-	14,2

Diagramme pétrochimique des intrusions mésozoïques de Guinée maritime par F. DIABY

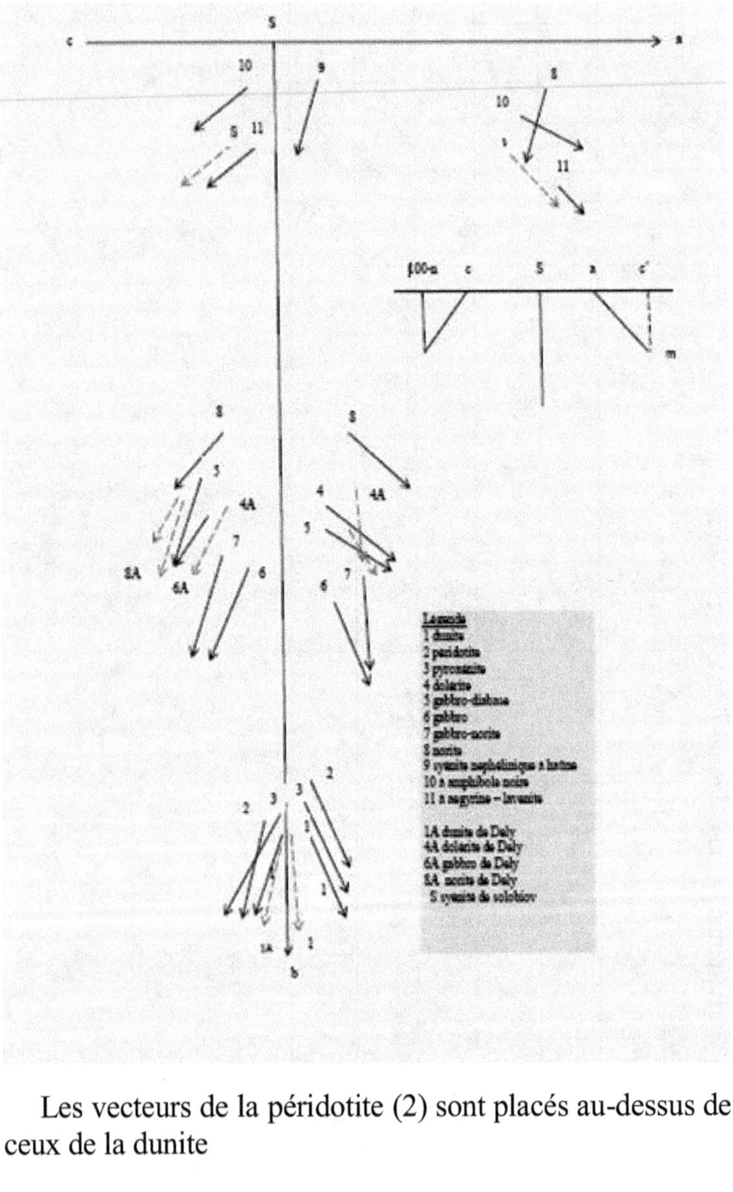

Les vecteurs de la péridotite (2) sont placés au-dessus de ceux de la dunite

Interprétation du diagramme pétrochimique

Sur notre diagramme les roches étudiées sont reparties entre les trois champs.

– En bas du diagramme se trouvent les roches ultrabasiques ; au milieu les roches basiques et en haut les syénites néphéliniques

- Champ des roches ultrabasiques

Les roches ultrabasiques sont représentées par les vecteurs 1-2-3. Ces vecteurs se caractérisent par une faible inclinaison sur les plans Sab et Scb (exception faite pour la pyroxénite) et se rapprochent de l'axe (Sb)

Dans ces roches prédominent les oxydes qui viennent des minéraux fémiques et très pauvres en alcalis.

– L'interprétation pétrochimique de ce premier champ nous donne les informations suivantes sur les différentes roches qui le composent.

La dunite représentée par les vecteurs (1) occupe le bas du champ et elle est la roche la plus rapprochée de l'axe (Sb) ; Elle est riche en oxydes (Fe_2O_3 + FeO + MgO) venant des minéraux fémiques.

La longueur de son vecteur sur le plan (Sab) indique que cette dunite contient une quantité importante d'oxyde de magnésium (MgO) et est pauvre en oxyde de calcium (CaO).

Sur le plan (Scb), la dunite est également rapprochée de l'axe (Sb), c'est-à-dire que la différence entre l'alumine (Al_2O_3) et la somme des alcalis est négligeable. Les vecteurs de la péridotite (2) sont placés au-dessus de ceux de la dunite. Cette péridotite est moins riche en oxydes de minéraux fémiques et contient plus d'alcalis.

Les vecteurs de la pyroxénite(3) se situent entre la dunite et la péridotite. Sur le plan(Scb) la pyroxénite accuse une inclinaison égale à 45° environ ; dans cette roche le rapport entre K_2O et Na_2O est égal à l'unité.

Pour toutes ces variétés de roches du groupe des roches ultrabasiques, il est à remarquer que la longueur des vecteurs qui les représentent sont presque identiques et elles sont beaucoup rapprochées l'une de l'autre. D'après les résultats pétrochimiques nous pouvons dire qu'elles sont presque identiques en composition chimique bien que leur étude pétrographique nous a permis de les distinguer, cette distinction que nous voyons au cours de l'étude pétrographique, résulte des conditions géologiques de leur formation. En comparant ce groupe de roches avec la dunite de Dely (1A) ; on note que les dunites, péridotites, et pyroxénites de la région d'étude contiennent plus d'alcalis. En plus la quantité de K_2O est relativement élevée, cette élévation s'accroît de la dunite à la péridotite et à la pyroxénite.

À cause de leur position sur l'axe (Sb) presque au même niveau que la dunite de Dely (1A) et les mêmes longueurs et inclinaisons des vecteurs, on peut affirmer que les roches sont riches en oxydes contenus dans les minéraux fémiques. Elles sont cependant très pauvres en silice(SiO_2) et se distinguent du standard mondial type, en question seulement par l'élévation des teneurs en alcalis, en potassium parce qu'on remarque sur le plan (Scb), une augmentation de l'inclinaison des flèches de la dunite à la péridotite et pyroxénite.

- Champ des roches basiques

Le champ des roches basiques est représenté par les vecteurs (4-5-6-7-8). Ces roches se trouvent au-dessus des précédentes et sont plus ou moins éloignées de l'axe (Sb). Leur position indique qu'elles contiennent beaucoup moins d'oxydes provenant des minéraux femiques (représentant Fe_2O_3, FeO, MgO) et sont plus riches en oxydes résultant des minéraux saliques. La quantité de SiO_2 est plus élevée que dans les roches ultrabasiques. Sur le plan (Scb) les vecteurs sont éloignés de l'axe (Sb), donc la différence entre l'alumine et la somme des alcalis est assez grande, ces roches contiennent plus de minéraux du groupe aluminosilicates et calcosodiques.

Les vecteurs (6) sur le diagramme pétrochimique laissant entrevoir que les gabbros de la région sont relativement riches en oxyde de magnésium (MgO), en oxyde de calcium (CaO) et en alcalis.

En comparant ces gabbros avec la roche type de Dely (6A) on dégage une nette différence. Cette roche est loin par sa position sur l'axe Sb plus riche en SiO_2 ; son éloignement de l'axe sur les plans Sab et Scb indique que ce gabbro contient plus d'alcalis et la différence entre l'alumine et la somme des alcalis est remarquable. Les gabbros de la région sont cependant pauvres en SiO_2, prépondérantes en oxyde de magnésium (MgO), et en oxyde de Calcium (CaO) par rapport au gabbro de Dely.

– Les gabbros-norites sont des roches représentées par les vecteurs (7), Elles sont pauvres en oxyde de calcium, renferment beaucoup d'oxyde de magnésium (MgO). Leur position au-dessus des gabbros de la région et leur éloignement de celles-ci par rapport à l'axe Sb sur le plan Sab font des gabbro-norites des roches plus riches en SiO_2 et en alcalis que les gabbros (6).

Les roches dénommées dolérites (4) et gabbro-diabases (5) sont presque identiques parce que leur vecteur occupe presque les mêmes emplacements sur les plans Sab et Scb ; en plus la direction de l'inclinaison des flèches sont presque les mêmes. Ces roches sont proches aussi de la dolérite de Dely, la seule différence est leur plus grande teneur en oxyde de calcium (CaO).

Les norites terminent le champ des roches basiques. Elles contiennent beaucoup plus d'oxydes donnés par les minéraux saliques. Elles sont riches en oxyde de calcium, en silice et renferment moins d'oxyde de magnésium (MgO).

Comparativement à la roche de Dély (8A), elle possède la même teneur en alcalis (K_2O +Na_2O) ; la longueur des vecteurs de la norite de Dély indique que cette roche est prépondérante en oxyde de Magnésium. La différence entre l'alumine et la somme d'alcalis est assez grande dans la roche de Dély.

Cependant les norites de Dély renferment beaucoup d'oxyde de calcium. Dans le champ des roches basiques, il y a lieu d'attirer l'attention sur la disposition des roches étudiées entre elles et par rapport aux standards des roches types de Dély.

On note dans le premier cas une succession ascensionnelle suivant l'axe Sb des différentes variétés des roches étudiées dans l'ordre suivant : gabbro (6), gabbro-norite(7), gabbro-diabase(5), dolérite(4) et norite(8). Ce qui explique qu'au cours des processus de leur formation ces roches ont résulté d'une différenciation magmatique.

En comparant ces différentes roches avec celles de Dély on remarque trois positions des roches.

Les gabbros (6) et les gabbro-norites (7) se trouvent en bas des roches de Dély ; les gabbro-diabases (5) et les dolérites (4) occupent le même niveau que ces roches et les norites au-dessus.

Au point de vue composition chimique les gabbro (6) et gabbo-norites de la région à cause de leur position sont prépondérantes en oxydes résultant des minéraux fémiques (b désigne la teneur en Fe_2O_3, FeO, MgO). Certes la prédominance en ces oxydes dans ces roches dépend de leur composition minéralogique, surtout de la présence de l'olivine dans ces roches. Probablement il s'agit dans notre région des gabbros à olivine, et gabbro-norites à olivine.

De par leur position, au même niveau que les roches de Dély, les gabbro-diabases (5) et les dolérites de la région sont d'une composition chimique normale. Elles sont presque identiques aux roches types de Dély.

Les norites de la région contiennent plus de SiO_2 et moins d'oxydes venant des minéraux fémiques que toutes les autres roches représentées dans le champ

- Champ des Syénites néphéliniques

Les syénites néphéliniques représentent le troisième champ du diagramme pétrochimique. Elles contiennent plus de SiO_2 que les roches ultrabasiques de la région. Sur le plan Sab les vecteurs qui présentent ces roches sont très éloignés de l'axe Sb, elles sont prépondérantes en alcalis, sur le plan Scb la différence entre l'alumine et la somme des alcalis est assez faible. Cependant on note une prédominance dans ces roches de l'oxyde de potassium sur l'oxyde de sodium, en plus ces roches renferment des minéraux du groupe des alcalino-silicates (feldspaths potassiques). Les Syénites néphéliniques à Haüyne- noseane (9) limitent le champ vers le haut, elles ont leurs vecteurs vers la gauche sur le plan Sab ; ces roches sont enrichies en alumine et contiennent beaucoup plus d'alcalis.

Comparativement aux autres variétés de syénites néphéliniques, elles renferment beaucoup plus d'alumine, d'alcalis que les syénites néphéliniques à amphibole noire (10) et à aegyrine-lavenite (11). La quantité d'oxyde de Mg est égale dans les syénites néphéliniques à haüyne-noseane et à amphibole noire. La syénite à amphibole noire est assez riche en oxyde de calcium (CaO). En comparant les syénites néphéliniques de notre région d'étude avec la roche type de Soloviev, on remarque que la syénite à aegyrine-lavenite (11) est plus proche de l'étendard de Soloviev en composition chimique avec une légère différence en alcalis et en oxyde de magnésium (MgO). Les vecteurs de la syénite de Soloviev étant un peu plus proche de l'axe Sb sont légèrement plus longs que ceux de la Syénite à aegyrine-lavenite). Les autres variétés contiennent plus de silice, d'oxyde de calcium et d'oxyde de magnésium.

De cette étude pétrochimique nous remarquons que toutes les roches sont les produits d'une différenciation magmatique plus ou moins remarquable. Ce fait est confirmé par la position des vecteurs représentant les diverses roches suivant l'axe et dans chaque champ.

Compte tenu de la grande extension des intrusions dans les limites de notre territoire d'étude, nous pensons à l'existence possible de plusieurs foyers magmatiques qui leur ont donné naissance.

Nous retenons quatre phases magmatiques pour leur mise en place.

– La première et la seconde ont donné les roches ultrabasiques et basiques du massif de Kaloum. Elle eut lieu dans les conditions tectoniques très calme, tout comme l'indique la morphologie et la structure du massif.

– La troisième phase d'injection s'est manifestée quand les mouvements devinrent très intenses. Elle correspond aux mouvements de soulèvement de la plateforme. Le magma de cette phase a utilisé les fissures et les zones d'exfoliations pour s'installer.

– La quatrième phase donna les syénites néphéliniques des îles de Loos.

Nous pensons qu'il existe un lien para génétique entre les différents groupes de roches de la région. Ils résultent probablement tous d'un même type de magma de composition basique. Et la diversité des roches rencontrées détermine le processus de différenciation de ce magma basique. Le complexe magmatique de Conakry-Coyah, par exemple en est bien une illustration convaincante, pour lequel il est possible de dégager d'une façon plus ou moins nette une série normale de la différenciation magmatique.

Olivine - Pyroxène - Plagioclase

L'olivine est tombée au fond du bain en premier lieu, ensuite vient le pyroxène et enfin le plagioclase. Au résultat de ce processus les roches magmatiques se sont formées : dunite, péridotite, pyroxénite et gabbro. C'est dire que les zones supérieures du magma se sont appauvries en éléments ferromagnésiens et la partie du bain qui reste en haut s'est enrichie en silice et se rapproche quant à sa composition au magma acide. La composition des autres minéraux est soumise à certaines règles et se déroule dans un ordre précis.

En considérant les résultats des différents travaux géologiques relatifs à la position structurale, morphologie et surtout la répartition des intrusions dans le temps et dans l'espace, nous concluons que les structures géologiques de leur lieu de manifestation ont joué aussi une large part, si non un rôle prédominant quant à leur formation

Les oligo-éléments

Toutes les variétés de roches rencontrées dans les limites de notre région ont été soumises à l'analyse spectrale. Les résultats révèlent l'existence dans ces roches les éléments suivants : Ti, V, Cr, Mn, Co, Ni, Ga, Cu et Nb en quantités suffisantes pour une étude géochimique. Les autres éléments figurent sous forme de traces négligeables ou sont parfois absents des roches

Nous avons utilisé pour l'étude des oligo-éléments 60 analyses spectrales qui nous ont permis de calculer d'abord une teneur des éléments pour chaque variété de roches, ensuite une teneur moyenne en ces mêmes éléments pour chaque groupe de roches en nous basant sur la méthode arithmétique (voir les tableaux N° 4, 4A, 4B).

- Interprétation des résultats

Les résultats des tableaux N° 4 ,4A, 4B, ont été interprétés de la manière suivante :

– Les teneurs en éléments des différentes roches constituant un même groupe ont été comparées entre elles.

– Les teneurs moyennes pour chaque groupe de roches ont été confrontées aux teneurs Clarke en ces mêmes éléments dans le groupe de roches correspondant.

- Teneurs des éléments dans les roches ultrabasiques

Si l'étude pétrographique nous a permis de distinguer les roches suivantes : dunites, péridotites et pyroxénites (compte tenu de leur composition minérologique), l'analyse spectrale révèle que les roches de ce groupe possèdent à peu près les mêmes teneurs en éléments chimiques.

Mais comme il est question d'une comparaison à l'intérieur d'un groupe de roches donné, il y a lieu de mentionner ces petites différences.

La dunite contient plus de titane (0,048%), vanadium (0,014%) Manganèse (0,086%), Nickel (0,38%) que la péridotite et la pyroxénite.

La péridotite et la pyroxénite ont la même teneur en vanadium (0,012 %).

La dunite et la péridotite ont aussi une teneur identique en cuivre (0,002%) et en galium (0, 002%).

Au-délà des petites différences autour des teneurs de ces roches et en considérant les résultats des études précédentes (pétrochimie des roches), nous notons qu'il s'agit d'un même type de roches appartenant au groupe des ultrabasiques.

Tableau n°4 : Les Teneurs des éléments en % dans les roches ultrabasiques

Groupe de Roches	Éléments de la roche	Ti	V	Cr	Mn	Co	Cu	Ni	Ga	Nb
Roches Ultrabasiques	**Dunite**	0 ,048	0,014	0,318	0,086	0,010	0,0021	0,38	0,002	
	Péridotite	0,045	0,012	0,225	0,080	0,015	0,0021	0,30	0,002	
	Pyroxénite	0,035	0,012	0,300	0,055	0,012	0,001	-		
	Teneur Moyenne	0,042	0,012	0,28	0,073	0,012	0,0015	0,3	0,0013	
	Teneur Clarke	0,03	0,004	0,2	0,15	0,02	0,002	0,210	0,0002	0,0061

- Teneurs des éléments dans les roches basiques

Les roches étudiées sont les gabbros, gabbro-norites, dolérites, gabbro-diabases et norites.

Tableau n°4A : Les Teneurs des éléments en % dans les roches basiques

Groupe des Roches	*Éléments de la roche*	*Ti*	*V*	*Cr*	*Mn*	*Co*	*Cu*	*Ni*	*Ga*	*Nb*
Roches basiques	***Gabbro***	*0,150*	*0,015*	*0,040*	*0,0840*	*0,006*	*0,002*	*0,015*		-
	Gabbro norite	*0,15*	*0,015*	*0,060*	*0,080*	*0,006*	*0,002*	*0,040*	*0,0021*	-
	Norite	*0,10*	*0,016*	*0,080*	*0,050*	*0,006*	*0,005*	*0,020*	-	-
	Gabbro Diabase	*0,30*	*0,020*	*0,014*	-	*0,002*	*0,001*	*0,048*	-	-
	Dolerite	*0,42*	*0,019*	-	-	*0,002*	*0,001*	*0,018*	-	-
	Teneur Moyenne	*0,23*	*0,017*	*0,039*	*0,047*	*0,004*	*0,002*	*0,028*	-	-
	Teneur Clarke	*0,9*	*0,02*	*0,02*	*0,2*	*0,0045*	*0,001*	*0,016*	*0,018*	*0,002*

Le pourcentage du titane est égal dans les gabbros et gabbro-norites (0,15%) ; il est de (0,10%) dans les norites et il est très élevé dans les gabbro-diabases (0,30%) et dolerites (0,42%).

– Le vanadium (0,015%) dans le gabbro a une teneur qui égale celles des gabbro-norites, ce pourcentage croît des norites (0,016%) aux dolérites (0,019%) puis aux gabbro-diabases (0,020%).

– Le pourcentage du Cr (0,014%) pour les gabbro-diabases constitue la plus petite teneur par rapport aux gabbro-norites (0,060%), aux gabbros (0,040%) et aux norites (0,080%)

– Le cobalt a une teneur identique dans les gabbros, gabbro-norites et norite (0,006%), tandis que dans les gabbro-diabases et dolérites on enregistre une teneur égale de 0,002%.

– Le galium n'a pas été identifié dans les gabbro-norites, gabbro-diabases et dolérites, il a un pourcentage de 0,002% dans les Gabbros.

– Le nickel et le cuivre se rencontrent dans toutes les variétés des roches basiques. Pour le nickel on enregistre la plus grande teneur dans les gabbro-norites (0,040%) et gabbro-diabases (0,048%).

– Le pourcentage du cuivre dans les norites est de 0,005% ; dans les gabbros et les gabbro-norites il est de 0,002%.

Nous remarquons que les roches prélevées sur le massif de Kaloum ont un pourcentage en titane presque identique, de même pour le vanadium, le cuivre et le cobalt (il s'agit d'un pourcentage de ces éléments dans les gabbros, gabbro-norites et norites).

– Les gabbro-diabases et les dolérites se rapprochent aussi par leur teneur en éléments chimiques.

– En définitive nous pensons probablement que les conditions géologiques de la formation des roches ont joué un rôle dans la répartition des éléments chimiques.

Tableau n°4 B teneurs des éléments dans les syénites néphéliniques

Groupes des Roches	*Éléments de la roche*	*Ti*	*V*	*Cr*	*Mn*	*Co*	*Cu*	*Ni*	*Ga*	*Nb*
Syenites néphéliniques	***à Haüyne noseane***	*0,20*	*0,005*	*0,0009*	*0,050*	*0,006*	*0,008*	*0,003*	*0,0025*	*0,0025*
	à amphibole noire	*0,20*	*0,005*	-	*0,040*	*0,006*	*0,005*	*0,001*	*0,0015*	*0,002*
	à aégyrine lavenite	*0,20*	*0,006*	*0,0009*	*0,050*	*0,001*	*0,010*	*0,004*	*0,004*	*0,003*
	Teneur moyenne	*0,20*	*0,005*	*0,00018*	*0,045*	*0,004*	*0,007*	*0,002*	*0,0016*	*0,0021*
	Teneur Clarke	*0,35*	*0,003*	*0,002*	*0,085*	*0,001*	*0,005*	*0,0004*	*0,003*	*0,035*

À l'intérieur de ce groupe de roches la comparaison entre les différents éléments chimiques ne donne aucune différence fondamentale.

– Le pourcentage des éléments est presque identique pour toutes les variétés de syénites néphéliniques, comme exemple, voir la teneur en titane, en vanadium pour toutes les roches.

Le chrome n'a pas été identifié dans les syénites néphéliniques à amphibole noire, il a un pourcentage égal à 0,0009% dans les syénites à haÿne-noseane, et à aegyrine-lavenite (0,003%).

La teneur en galium dans les syénites à haÿne-noseane (0,025%) est supérieure à celle des autres variétés.

Teneur moyenne des oligo-éléments dans les groupes de roches comparées à leur teneur Clarke

Pour chaque groupe de roches nous avons calculé une teneur moyenne des éléments en utilisant la méthode arithmétique, (voir les tableaux n°4 ; 4A et 4B).

Nous avons trouvé pour les roches ultrabasiques de la région d'étude que seules les teneurs moyennes en titane (0,042%) en vanadium (0,012%), en chrome et en nickel (0,31%) sont supérieures à leur teneur Clarke, tandis les teneurs moyenne en Mn, cobalt et Galium sont inférieures à leur teneur Clarke.

Pour les roches basiques la teneur moyenne en chrome (0,048%) en cobalt (0,0045%) en cuivre (0,002%) en nickel (0,028%) sont supérieures à leur teneur Clarke.

– Dans les syénites néphéliniques, le nobium, le galium sont de très peu inférieurs à leur teneur Clarke. Tandis que le vanadium (0,005%) le cobalt (0,004%) le cuivre (0,007%) le nickel (0,002%), sont quant à eux supérieurs à leur teneur-Clarke.

Au résultat de cette étude comparative nous nous sommes intéressés particulièrement aux teneurs moyennes des oligo-éléments qui sont supérieures à leur teneur Clarke notamment le chrome, le cobalt, le vanadium, le cuivre, le nickel et le titane.

Parmi ces éléments l'existence du chrome et du nickel se trouve à nouveau confirmée, elle est liée aux roches ultrabasiques.

En considérant les teneurs moyennes des éléments, on peut supposer que les manifestations du cobalt dans les limites de notre région doivent leur origine aux roches basiques.

D'après nos résultats d'analyses spectrales le titane et le vanadium ont une tendance d'accumulation dans les roches ultrabasiques.

Pour les syénites néphéliniques, il y a lieu de signaler que les teneurs élevées en vanadium, cobalt, cuivre et nickel qui sont constatées nous permettent de supposer leur liaison génétique avec les roches basiques et ultrabasiques de Kaloum.

En plus, nos résultats d'analyses spectrales ne nous permettent pas d'être catégoriques dans nos observations surtout pour les teneurs du nobium et du galium dans les syénites néphéliniques.

Certes les résultats comportent des erreurs qui sont caractéristiques pour toutes les méthodes. Ainsi, nous recommandons à propos l'extension des analyses spectrales pour l'obtention des résultats plus authentiques.

Cependant, de cette étude des oligo-éléments, il y a lieu de remarquer d'une façon générale que tous les éléments rencontrés présentent des teneurs moyennes voisinant leur Clarke. Ce qui est déjà un résultat appréciable pour mener à bien les recherches géochimiques dans les limites de notre territoire d'étude.

CHAPITRE VIII

Perspectives en minéraux utiles

L'un des buts principaux de toute recherche géologique est la trouvaille des minéraux utiles. C'est pourquoi nous sommes en droit de nous poser la question de savoir si les intrusions mésozoïques de notre région d'étude, notamment les roches ultrabasiques, basiques et syénites néphéliniques, ne pourraient renfermer de minéraux utiles ?

Nous savons que des intrusions analogues sont connues dans le monde. On les rencontre en Afrique, en Asie et ailleurs. Aussi sont souvent liés à ces roches d'importants gîtes de cobalt, de nickel, cuivre, chrome etc… et aux roches alcalines (syénites néphéliniques) des gisements de terres rares (niobium, tantale zirconium), de minerais non métallifères, phosphore, apatite, matière alumineuse (néphéline).

Pour apprécier la valeur économique de ces intrusions, nous nous sommes référés sur les résultats des différents travaux de recherches géologiques réalisés par l'office de recherches géologiques dans le cadre du levé géologique au 1/200.000^{ème} pour les feuilles Télimélé, Boffa et Conakry-Forécariah.

Le dépouillement des résultats des différents travaux a permis de constater les faits suivants :

– L'existence des anomalies métallo métriques et de concentrés de différents éléments chimiques : titane, chrome, cuivre, plomb, zinc, nickel, cobalt, liés aux intrusions.

– Lorsque les roches sont l'objet d'altération physique et chimique, elles donnent d'autres minéraux utiles tels que la bauxite et les minéraux de fer.

– Dans une large mesure, les intrusions de la région peuvent servir de matériaux de construction.

Anomalies métallifères et concentrés d'éléments chimiques

Les lieux de manifestations des anomalies métallifères et des concentrés des différents éléments chimiques sont très nombreux dans la région, et nous avons envisagé d'étudier dans ce paragraphe que quelques- uns d'entre eux :

- *Chrome*

L'indice de chromopicotite est situé au nord de la localité de Kourya. La formation de l'auréole minéralogique de la chromopicotite est liée à la dégradation du massif de Kaloum.

Dans les concentrés, la chromopicotite est en association avec la magnétite et l'ilmenite. Ils atteignent 3 à 5 kg/m^3 (Ziteck 1961) dans les concentrés des rivières Kitima et Kolakhouré, ailleurs la quantité varie de quelques gramme/m^3au premier Kg/m^3.

L'auréole est liée génétiquement et par sa position aux dunites du massif de Kaloum, dans lesquelles la chromopicotite se rencontre sous forme de dissémination.

L'analyse chimique montre les teneurs suivantes : Cr_2O_3 de 0,04-0,9%, N_iO de 0,18 – 0,20%, CaO environ 0,03%.

Le volume réduit des travaux de recherches effectués jusqu'aujourd'hui sur les chromites du massif de Kaloum ne permet de faire une estimation bien argumentée de sa minéralisation.

- *Nickel*

À la Dégradation du massif de Kaloum est liée la formation de quatre (4) auréoles géochimiques de Nickel.

– Les trois premières se trouvent dans la presqu'île de Kaloum et montrent des teneurs en nickel de 0,04 à 0,3%.

– La dernière bordant le massif de Kakoulima présente outre le nickel des concentrations élevées en cuivre (0,01 – 0,03%) et en cobalt (0,004 – 0,03%).

– Il existe également d'autres manifestations de nickel avec une teneur de (0,38 – 0,30) dans les régions de la Fatala, de Bouléré et dans le bassin de la rivière de Dolonki.

Les auréoles indiquées témoignent d'une concentration en nickel répandue dans les terrains d'altération et peuvent être considérées comme aires perspectives pour sa recherche.

Les réserves firent chiffrées à 73 000 000 tonnes de minerai et 50 000 000 tonnes de nickel métalliques. Ce qui correspond à un gisement industriel.

Cependant le gisement est estimé non exploitable vu les basses teneurs dont font preuves les minerais.

- Cobalt

L'échantillonnage géologique des dépôts fluviaux découverts donne dans les auréoles de dispersions de teneurs en cobalt de 0,002 – 0,003% (rive droite de la Fatala).

La teneur en cobalt dans les roches mères est un peu plus haut et fait 0,005 – 0,007% (rivière Télébou) et 0,001 – 0,02 (rive droite en amont de la Fatala, en amont de Bankou.

- Cuivre

Des concentrations élevées de Cu (0,01 – 0,02%) sont constatées dans les échantillons métallifères appartenant à 4 auréoles situés dans la région des " Grandes Chutes" n°6 et des villages Friguiadi, Kolakhouré et Fossikhouré.

Les auréoles n°6 correspondent aux terrains ordoviciens, la liaison génétique du Cu avec ces terrains n'a pas été établie.

Les autres auréoles se disposent dans les aires d'extensions des sills doléritiques avec lesquels elles ont vraissemblement une liaison génétique.

– Les manifestations de cuivre ont été révélées aussi au cours des travaux de forage du sondage carottant au nord du village Membouri (feuille Télimélé).

Le sondage a donné des argilites et aleurolites de la série Télimélé et des sills de gabbro-diabases.

Les gabbro-diabases sont broyés d'une manière intense et contiennent la minéralisation sulfurique rapportée aux zones de broyage.

Tout le long de nombreuses fissures on observe la pyrite à cuivre et des filets de baryte, parfois on rencontre les filets ayant une épaisseur d'un cm formé par des minéraux sulfuriques et des chlorites.

D'après l'analyse spectrale de la carotte, la teneur en cuivre dans la roche est de 0,05 % à 0,3%.

La manifestation du cuivre n'a pas une grande importance de sa minéralisation insignifiante.

- *Plomb-Zinc*

Pour le territoire d'étude, les indices de plomb et de zinc se rencontrent dans les zones de broyage autour des contacts des dykes et les roches sédimentaires.

D'après les résultats de la mission soviétiques (1969 de la feuille Télimélé), les analyses spectrales des gabbro-diabases ont été données pour le plomb (0,1 à 1%) et pour le zinc (0,5 – 0,9%).

Elle a observé des auréoles de dispersion de galène et de fausse galène dans la région entre les rivières Badi, Konkouré, Tassi ; et sur la rive en aval de la Fatala.

– D'après l'échantillonnage géochimique des roches mères, la mission a dégagé trois auréoles de dispersions avec la teneur en plomb (0,01 – 0,005%) (Région de la ville de Télimélé.

- *Minéraux Titanifères*

Les minéraux de titane (rutile, ilménite et titano-magnetite) sont constatés dans les alluvions de la plupart des rivières de la région.

Une certaine loi apparaît dans la répartition de ces minéraux en surface.

L'ilmenite et la titanomagnetite en quantité variable se localisent dans les roches basiques et ultrabasiques du massif du kaloum et dans les sills doléritiques pour lesquelles leur teneur atteint parfois 5000g/m^3.

– Le rutile est identifié sur les terrains métamorphiques archéens et les granites protérozoïques où sa teneur dans les concentrées varie des traces à 600g/m^3, il a une teneur moyenne de 10-30g/m^3.

En certain endroit la concentration des minéraux titanifères atteint 10 Kg/m^3 (affluent gauche du konkouré, près de l'embouchure de Vansan.

– En examinant ces différents résultats d'analyses et tenant compte de l'étude faite sur les oligo-éléments, nous pouvons supposer sans en abuser que les possibilités de minéralisation des intrusions mésozoïques sont certaines

Altération physico-chimique et source de minerais

Les intrusions mésozoïques de la région ont subi une altération plus ou moins intense, de telle manière que dans la plupart des cas, les roches de fonds sont masquées par les produits qui en résultent. Tous les gisements et manifestations des minerais de bauxite et de fer découverts dans les limites de notre territoire se rapportent à cette croûte d'altération. Celle-ci s'est formée sur les roches sédimentaires dévoniennes et siluriennes, les sills de roches basiques et les syénites néphéliniques d'âge mésozoïque.

Il s'avère difficile de faire une sectorisation des bauxites développées uniquement sur les intrusions mésozoïques ; leur position stratigraphique et leur répartition rendent difficile ce déchiffrement.

Nous constatons cependant que les bauxites qui sont en rapport avec la croûte d'altération se développant sur les roches magmatiques basiques sont en général très ferrugineuses et les bauxites ayant une valeur pratique sont liées aux parties supérieures de la croûte latéritique. On note que cette bauxite est génétiquement développée sur les roches sablo-argileuse du Silurien et Dévonien.

Ci-dessous on fait une brève description de quelques gisements et manifestations des minerais de fer et de bauxite connus à présent.

- Minerais de fer

- Le gisement de Kaloum est associé aux terrains d'altération développé sur les roches ultrabasiques du massif de Kaloum. Il a une épaisseur de 3-100 m, en moyenne 30-40 m et exception faite pour la zone inférieure de lessivage peu puissante (10 à 20 m). La plupart des analyses donne 49 à 54 % de fer. La teneur maximale en fer des minerais est de 59,4 %.

Les réserves globales du gisement s'élèvent à 1.476 millions de tonnes. L'estimation perspective des réserves donne 5-6 milliards de tonnes de minerais de fer.

- Le gisement de Nafoulou est situé à 3,5 km de au Nord-Est de la localité de Tondon et des bowés plats à l'altitude absolue de 260-276 m. Les corps du minerai sont liés avec les croutes d'altération des argilites et des aleurolites de la série Télimélé et des sills doléritiques qui les percent. L'épaisseur moyenne des croûtes d'altération est de 23 à 30 m. Les teneurs moyennes en fer sont de 39,8 % et sa superficie égale 4, 2 km^2. La réserve totale en fer est de 88,2 millions de tonnes.

- Le gisement de Béléré-Nord se trouve à 9 km au Nord de la localité de Tondon. La structure de la croûte d'altération est analogue à celle du gisement de Nafoulou. L'épaisseur moyenne de ce gisement est de 4, 5 m. La teneur en fer est de 33% et couvre une superficie de 5,5 km^2 avec une réserve de 24, 8 millions de tonnes.

Sont également connus dans la région d'autres gisements et indices tels que les gisements de Séfarra (rive droite de

Fatala), de Kounsianiaki (8 km de la rive droite de Fatala), et le Diékourou etc.

- Minerais de Bauxite

Les bauxites sont les minerais les plus importants dans les limites de notre territoire. Les gisements sont très nombreux et entre autres, ils se retrouvent presque dans la majeure partie de notre territoire, telles que les îles de Loos, les groupes de gisements de Fria, de Sodioré, de Guémessoron et les manifestations de Bondi, d'orelamba et Dantari etc…

- Les gisements de bauxites des îles de Loos :

Les bauxites sont constituées par des terrains d'altération latéritiques développés sur les syénites néphéliniques. L'épaisseur des minéraux varie de 0,5 à 10-12 m. Les réserves primaires du gisement sont 5.015.000 tonnes à 45% d'alumine et 6% de SiO_2 pour l'île de Kassa et de 4.000.000 de tonnes à 55% d'alumine et 5,5% de SiO_2 pour l'île de Tamara. L'extraction de la bauxite de Kassa fut commencée en 1952 par la compagnie Alcoa. La production annuelle se chiffrait à 200.000- 400.000 tonnes de bauxites de bonnes qualités. Les bauxites de l'île de Tamara ne sont pas exploitées.

- Groupe des Gisements de Fria.

Il contient six Gisements qui sont Kondikhouré-Nord, Kondikhouré-Ouest, Fria, Kimbo, Tambakui et Sagalé. Les gisements du groupe de Fria sont situés sur la rive droite de Konkouré au Nord de Conakry et sont liés à cette ville par le chemin de fer et par des routes. La superficie de tous ces gisements de ce groupe est à peu près 12,14 Km^2.

Au point de vue situation géomorphologique, la région des gisements représente une superficie peneplainisée occupée par des vallées des rivières Konkouré, Banguiné, Kimbo Sabèndè et Koba.

Les vallées étroites des rivières mentionnées coupent le partage des eaux en quelques bowés de différentes hauteurs dont chacun est un gisement indépendant.

Dans la structure géologique de la région prennent part les aleurolites, les argilites, les aleuropélites du Silurien et sills des roches basiques du mésozoïque suivant lesquelles se développe la croûte latéritique de l'altération d'une épaisseur atteignant 20 à 30 m.

Le calcul des réserves des minerais de bauxite des gisements du groupe Fria se faisait d'après les catégories, en tenant compte de la teneur de l'alumine dans les minerais. Trois catégories ont été désignées (Agassis 1960), avec les caractéristiques suivantes : la première a une teneur en alumine de plus de 45%, pour la seconde de 40-45% et la troisième de 35-40%. La teneur moyenne en silice pour tous les gisements du groupe est de 1,8%. Les réserves des gisements du groupe Fria sont estimées à 135.497.000 de tonnes.

- Groupe des Gisements de Sodioré

Est découvert et exploré préalablement par la mission Télimélé en 1969-1970. Ce groupe comprend huit gisements situés à proximité l'un de l'autre. Toundon, Guégnakali, Doukaloura, Sodioré, Madina, Guélintiwel, Jaleya et Boulé. Les gisements mentionnés sont situés sur la rive gauche de la Fatala à 30 km ou au Nord de la ville de Fria.

La région des gisements est constituée des dépôts sédimentaires du Dévonien, formant une intercalation fine des aleurolites, des grès à grains fins, des argilites et des grès quartzeux micro granulés avec de nombreux sills peu épais de composition basique de la période mésozoïque.

Presque partout, les roches de fond sont recouvertes de l'écorce d'altération de latérite très épaisse (jusqu'à 20-30 m). Les affleurements naturels des roches mères ne sont observés que dans les rivières. La superficie totale des gisements est de 30 km^2. Pour la découverte du gisement on fait 35 sondages dont 27 ont révélé l'existence de minerais de bauxites.

La teneur en alumine est de 41,3-50,1%. L'épaisseur des minerais de bauxite varie de 3-15 m et elle fait en moyenne 7 mètres. Les réserves des minerais des groupements de Sodioré font à peu près 268 millions de tonnes et elles peuvent augmenter au cours des travaux de reconnaissances La situation géographique et économique favorable des gisements possédant des réserves considérables de bauxites avec une haute teneur en alumine (qualités économiques), permettent de recommander les gisements du groupe de Sodioré pour une exploitation industrielle.

- Gisement Gouba

Ce gisement a été aussi découvert par la mission Télimélé en 1969-1970. Les réserves prouvées sont de 77 millions de tonnes de bauxite, sur une superficie de 10 km^2, avec une teneur moyenne en alumine qui varie de 41,4 à 48,8. Celle de la silice est de 2,7%. Les épaisseurs varient de 3-12 m avec une moyenne de 8,0 m. Les roches mères sont les roches sédimentaires du Silurien et les sills des roches basiques. Les perspectives du gisement au point de vue exploitation industrielle se déterminent par deux facteurs

– Le Gisement se trouve à 15 km au Nord-Ouest du gisement de Fria (en exploitation)

– Les ressources du gisement pourront accroître par la découverte des nouveaux corps de minerais au cours des travaux de reconnaissances détaillées.

- Gisement de Guémessoron

Ce gisement a été découvert en 1969-1970 par la mission de Télimélé. Il est situé dans la région entre les rivières Guémessoron et Kamissa sur la ligne de partage des eaux. La superficie du gisement est de 7,5 km^2. Les réserves du gisement sont évaluées à peu près à 145 millions de tonnes.

De même que celui de Gouba, ce gisement a une situation géographique et économique avantageuse, il se trouve à 16 km au Nord-Ouest de l'usine de Fria.

- Gisement de Wonkoma

La teneur en alumine de ce gisement varie de 48,4 à 59,9%. Les réserves sont de 44 millions de tonnes, sur une superficie de 5,5 km^2 et une épaisseur de 4,5 à 6,0m. Le voisinage territorial du gisement Wonkoma de l'usine de Fria en fait un gisement attractif.

Gisement de Bogoro : Il s'étend sur une superficie de 2,2 km^2 avec une épaisseur de 3 à 5 m et une teneur de 41,8 à 48,5% en alumine et 2,8% de silice. Ce gisement a une situation géographique et économique très favorable à sa mise en exploitation.

- Manifestations de bauxites

Ces manifestations sont très développées dans la région et celles qui ont attiré notre attention sont les suivantes :

– La manifestation de Dantari sur la ligne de partage des eaux près du village du même nom et occupe une superficie de 0,8 km^2. L'épaisseur du corps est près de 6 m, avec une teneur en alumine de 40 à 44,3% et une teneur en moyenne de 6% de silice.

– Manifestations de Boudi : la superficie de la manifestation est près de 12 km^2, la teneur en alumine varie de 41,5 à 49,3%, elle est de 43,9% en moyenne sur une épaisseur de près de 6,8 m.

– Manifestation d'Orélamba, elle est située sur la ligne de partage des eaux, près d'Orélamba à 340 m d'altitude et occupe une superficie de 0,8 km^2.

Ce bilan est loin d'être complet, en tenant bien sûr compte de l'état précoce des études de la région. Nous pensons que ces résultats seront plus réconfortants avec les futurs travaux d'investigations, et le nombre de découvertes des minéraux utiles pourrait certainement augmenter.

Nous retenons pour la région d'étude une valeur perspective en fer et bauxite indiscutable, et doit être considérée à juste titre, comme une zone bauxitique et de minerais de fer en République de Guinée.

Matériaux de constructions

Les roches du complexe magmatique du mésozoïque sont très rependues dans les limites de notre territoire. Elles constituent une source inépuisable des matériaux de construction.

Dans la région de Boké les dolérites et les Konga-diabases ont servi à la réalisation du chemin de fer et de divers travaux de génie civile.

– Les gabbro-norites de la carrière localisée au Nord-Ouest de Kouria ont été exploitées comme matériaux de construction et de sculpture. L'homogénéité et la teinte après polissage offre à ces roches un grand intérêt pratique. Ces intrusions ont fait preuve d'une grande homogénéité et dureté, surtout d'une bonne résistance métallique. Compte tenu de ces qualités on peut envisager rationnellement de leur utilisation comme matériaux de construction. En effet après concassage, elles peuvent être utilisées à plusieurs fins selon différentes granulométries : par exemples pour le ballastage des routes et de chemin de fer, ou comme matériau de béton armé.

Ces différentes données nous édifient sur l'importance économique de nos intrusions et leur étude s'avère d'un intérêt national évident. Alors nous pensons qu'il est nécessaire pour les futures recherches de composer la carte des roches magmatiques sur la base du schéma tectonique à 'échelle 1 :200.000ème et sur cette carte on montrera les structures avec lesquelles sont liés les corps magmatiques, de même la plupart des indices les caractérisant.

Les formations magmatiques peuvent y être subdivisées en sous-formations, c'est-à-dire en des subdivisions caractérisées par des conditions bien déterminées (selon leur facies par exemple), et aboutir enfin à une localisation des zones les plus favorables pour la recherche des minéraux utiles

Apports scientifiques et techniques

Il est important de noter que la Guinée maritime occupe une position avantageuse dans le domaine des recherches géologiques par rapport au reste du territoire national.

Elle a été l'objet d'investigations sérieuses au résultat desquelles certains problèmes structuraux, magmatiques, géomorphologiques ont trouvé des solutions scientifiques et parfois techniques.

C'est sur la base des données des éminents géologues guinéens et étrangers, de nos propres observations et des résultats des travaux effectués au laboratoire des mines et de la géologie qui comprend des lames minces, pour l'étude pétrographique, des analyses chimiques et spectrales pour l'étude géochimique, que nous avons essayé de dégager pour ce territoire, en envisageant les conclusions suivantes :

Pour la Guinée maritime, nous retenons le schéma tectonique qui comprend :

– Un socle cristallin, plissé, métamorphisé et disloqué ; formé de roches archéennes et celles du protérozoïque inférieur.

– Une couverture qui englobe les roches sédimentaires du paléozoïque et les roches magmatiques du mésozoïque.

– Les changements intervenus dans la disposition primitive des dépôts sédimentaires de la couverture ne présentent aucun caractère du plissement proprement dit, ce qui est contraire pour les roches du socle cristallin.

– Dans les limites de la Guinée maritime, l'activité mésozoïque de la plateforme s'est traduite par un rajeunissement ou une apparition de nouvelles zones tectoniques (failles) avec une venue postérieure des intrusions de composition ultrabasique, basique et alcaline.

– Ces failles ont contrôlé pour une large part la mise en place et même la morphologie des intrusions mésozoïques.

– Les roches formées à cette époque sont connues dans la littérature sous le terme « dolérite de karro » qui désigne un large complexe de roches de la formation doléritique évoluant en composition minéralogique depuis les roches neutres jusqu'aux roches ultrabasiques.

– Les roches neutres ne sont pas encore rencontrées dans les limites de notre territoire.

– Les corps intrusifs rencontrés sont les sills et les laccolites pour les formes concordantes et les dykes pour celles discordantes. Les laccolites sont très rares ?

– Les sills sont au contraire très fréquents ; ces roches sont situées entièrement dans les formations siluriennes et dévoniennes, elles recouvrent les formations ordoviciennes et occupent parfois les zones limitrophes des dépôts paléozoïques permettant ainsi d'établir le contact stratigraphique.

– Les dykes qui résultent du remplissage des fissures constituent une partie relativement insignifiante des formations intrusives, leurs manifestations sont beaucoup liées aux roches du socle.

Dans les limites de la région se manifeste le plus souvent le métamorphisme de contact. Ce phénomène est souvent typique pour les dépôts de la série Télimélé et partiellement pour les formations dévoniennes de la série Faro ; le métamorphisme des grès ordoviciens de la série Pita est très rare.

– L'étude pétrographique nous a permis de distinguer les roches suivantes : dunites, péridotites, pyroxénites, gabbro-norites, norites, gabbro-diabases, dolérites ; syénites néphéliniques à haüyne-noséane (à amphibole noire, et à aegyrine-lavenite).

– De l'étude pétrochimique nous remarquons que toutes les variétés de roches rencontrées se divisent en trois champs : ultrabasique, basique et alcalin. À l'intérieur de chaque champ, on note que ces roches sont les produits d'une différenciation magmatique plus ou moins remarquable.

– La comparaison des roches de la région avec celles de Dely et Soloviev donne les résultats suivants :

– Pour le groupe de roches ultrabasiques : les dunites, péridotites et pyroxénites ne se distinguent du standard mondial type de Dely seulement par leur teneur élevée en alcalis, en oxyde de potassium.

– Pour les roches basiques, seules les gabbro-diabases et les dolérites de la région sont d'une composition chimique normale. Elles sont presque identiques aux roches types de Dely.

– En comparant les syénites néphéliniques de notre région d'étude avec la roche de Soloviev, on remarque que seule, la syénite néphélinique à oegyrine-lavenite est plus proche du standard de Soloviev, en composition chimique avec une légère différence en alcalis et en oxyde de magnésium (MgO).

– Les autres contiennent plus de silice, d'oxyde de Calcium et d'oxyde de magnésium (MgO).

– Toutes ces variétés des roches ont été soumises à l'analyse spectrale.

– Les éléments suivants : Cobalt, Vanadium, Cuivre, Nickel et Titane se sont distingués pour leur teneur moyenne supérieure à leur teneur Clarke.

Ces résultats ne nous permirent pas d'être catégoriques dans nos observations. Cependant nous remarquons que tous les éléments rencontrés représentent des teneurs moyennes voisinant leur teneur Clarke. Ce qui est déjà un résultat appréciable pour mener à bien les recherches géochimiques dans les limites de notre territoire.

– Dans la région les différentes missions de recherches géologiques, au cours de ces dernières années révèlent des anomalies métallo métriques et de concentrés de plusieurs éléments chimiques dont le chrome, le cobalt, le nickel, le plomb etc... et signalent bon nombre de manifestations et gisements de bauxite et de minerais de fer liés aux intrusions mésozoïques.

En définitive nous concluons que la Guinée maritime offre en plus de ses importants gisements de fer, de bauxites, de ses nombreux indices de diamant, d'or, de chrome, de cobalt, de nickel etc... offre ainsi d'immense possibilité de trouver d'autres gisements de minéraux utiles.

- Observation

L'étude des lois de la répartition des gisements dans l'espace et dans le temps, a une grande signification pratique, parce qu'elle donne la possibilité de diriger avantageusement les travaux géologiques et d'estimer les perspectives des terrains en ressources minérales.

La métallogénie est la science qui s'intéresse à cette étude en se servant des données spatiales de formations des minéraux utiles et celles des époques et des provinces métallogéniques. Les particularités du magmatisme dans les types de structures géosynclinales influent nettement sur les particularités des différentes provinces métallogéniques. C'est dire qu'il est possible de déterminer des époques métallogéniques dans une même province métallogénique.

CHAPITRE IX

Valorisation du potentiel minier

La notion de valorisation du potentiel minier guinéen intègre dans le cas précis, les valeurs économique et industrielle des minerais en phase d'exploitation d'une part et de traitement d'autre part.

Pour y parvenir il est judicieux de se faire une notoriété scientifique et professionnelle en amont pour faciliter la recherche des substances minérales utiles qui serviront dans un avenir proche à la conquête du bien-être social et culturel de la population.

C'est justement l'opportunité à saisir pour expliciter le rôle des géo-mineurs dans l'exerce de leur profession, et de circonscrire l'étendue des prérogatives dans le développement du secteur minier et de l'ensemble des activités de recherches et de mises en œuvre des initiatives de développement des divers projets miniers.

Ainsi la corporation dans l'exercice de son métier se donnera les moyens de mieux connaître le potentiel minier, qui relève de son domaine de compétence et de savoir-faire, et surtout d'aborder avec assurance les questions qui sont liées à la valorisation des ressources minières du pays.

Rôle des géo-mineurs

La réussite des activités minières ne peut être atteinte sans l'implication des géo-mineurs, qui sont à travers le temps, les acteurs majeurs de la découverte des milliards de tonnes de bauxites, d'importantes réserves de fer, d'or et d'autres tels que le diamant, les métaux de bases dont la liste est loin d'être exhaustive. Ils sont les spécialistes de la chaine de production des minerais et sont détenteurs des diplômes de doctorat et de spécialiste en économie, organisation et planification des entreprises minières. Ils ont contribué à la mise en œuvre de nombreux projets de recherches, de prospection, d'exploitation, dont les compétences dépassent les frontières de notre pays et sont connus à travers de multiples publications technique et scientifique.

Et leurs apports dans les négociations des conventions et des titres miniers inspirent respect et considération de nombreux investisseurs et promoteurs des projets.

Il y a lieu de conclure « qu'il est sage de garder en mémoire que l'on ne peut pas exceller dans un domaine que l'on ne maîtrise pas et que chaque peuple se développe à partir de son génie créateur, en profitant largement du savoir, du savoir-faire et du savoir-être de ses enfants » (F. Diaby 2020).

À l'administration minière de tenir compte de la complexité de la situation et de rétablir la corporation dans ses droits. Cette démarche a son pesant d'Or, qui sera favorable à l'instauration d'un climat d'une parfaite collaboration entre tous les intervenants dans le secteur minier.

On retiendra que le potentiel minier guinéen est le produit de plusieurs années d'efforts physiques et intellectuels qui ont permis aux géologues de braver toutes les formes d'intempéries, les faunes et les flores. En somme ils sont parvenus à défier le temps et le climat, dans les limites des écosystèmes les plus complexes.

Dans l'exercice de leur métier, ils ont fait face à tous les dangers de cette vie professionnelle et celle-ci se confondait souvent à une périlleuse situation et parfois rassurante dans certains cas, et cela en fonction de la nature des missions à accomplir.

Le chemin ainsi parcouru est édifiant et les résultats très élogieux placent la Guinée parmi les pays généralement convoités pour leur richesse en ressources minières.

Acquis du secteur minier

À date on retiendra au compte du secteur minier des avancées significatives en ce qui concerne l'exportation de la bauxite sur le marché mondial, d'où la Guinée se trouve parmi les plus grands pourvoyeurs et occupe le second rang avec une contribution de quatre-vingt millions de tonnes de bauxite par an.

De même l'Or et le Diamant ont également connu ces dernières années une amélioration de leur production aussi bien au niveau de l'exploitation industrielle que celle de l'artisanat minier.

La Guinée a exporté un total 1980 397 onces d'Or au troisième trimestre 2020 et 50 884, 02 de carats de Diamants pour une valeur de 3.019 530, 47 de dollars US. En septembre 2020, elle a exporté au total 438 200 tonnes de fer brut et enrichi. La présence de la Guinée sur le marché du fer est à encourager car l'avenir de la Guinée dépendra du fer qui prendra surement une avance significative sur l'alumine.

On note également que la raffinerie de Friguia a exporté 84 858 tonnes d'alumine au troisième trimestre 2020, selon les données du Bureau de Stratégie et de Développement du Ministère des Mines et de la Géologie.

Défis à relever

Ces défis sont de plusieurs ordres et méritent une attention particulière de tous les acteurs impliqués dans la gestion des ressources minières et celle des géo-mineurs.

Il est question d'aborder dans cet ouvrage les problèmes de fonds qui auront un impact important sur les revenus miniers. Ainsi les résultats obtenus donneront une meilleure lisibilité des activités de recherches géologiques, celles de l'exploitation qui faciliteront certes, dans un futur proche, la transformation souhaitée des ressources bauxitiques du pays en produits finis.

- Marché de l'Aluminium

L'avènement de la Guinée sur le marché mondial de l'aluminium est bien possible. Le pays pourra compter sur ses possibilités énergétiques dont il dispose, et profiter largement de la construction des barrages de kaléta, souapiti et bientôt celui d'amaraya.

Ces barrages auront une capacité de production cumulée en électricité au tour de mille méga watts, pour satisfaire les besoins de notre industrie.

Aussi la qualité exceptionnelle de la bauxite guinéenne est une opportunité à saisir par les industriels, à cause des conditions avantageuses de son traitement. En plus toutes les raffineries utilisant cette bauxite sont généralement vieillissantes d'où la nécessité de penser au futur de cette industrie.

Le fait de l'éloignement de la matière première par rapport aux différentes usines, peut donner l'espoir aux exportateurs de formaliser en douceur le transfert des raffineries et des fonderies tout près des sites d'exploitation des ressources.

La Guinée doit se préparer à cet exercice, car une hausse progressive des coûts de production pourrait encourager l'installation des industries naissantes près des ressources qui connaissent aujourd'hui une baisse progressive en teneur, qui est de 51% en alumine, dans le Nord-Ouest de la Guinée. Les investisseurs évoluant dans cette partie du pays ont intérêt d'examiner le contexte mondial de l'évolution du marché de la bauxite, de l'alumine et l'aluminium, et opteront surement de se rapprocher des sites de production de la meilleure bauxite au monde, et participer à la transformation de celle-ci, en produit fini.

Cette opportunité à saisir sera un gage rassurant pour l'évolution du secteur minier guinéen et réconfortant pour les investisseurs qui participeront ainsi à bâtir en Guinée une industrie minière de référence

- L'Or et le Diamant

On note que l'un des premiers métaux extraits par l'homme fut l'Or, dont les découvertes se rapportent au douzième millénaire avant notre ère. Ainsi l'intérêt pour la nature des minéraux utiles est apparu chez l'homme il y a longtemps, à l'aube de la préhistoire de l'humanité. Mais de tout temps et chez tous les peuples, le développement de la géologie n'a connu son essor que lorsque cette science s'est intimement liée aux besoins de la société humaine.

L'exploitation industrielle et artisanale de l'Or, et celle du Diamant, ont fait l'objet d'une profonde analyse dans les précédents livres de l'auteur intitulés : « Regard sur le secteur minier guinéen » et « Sur les pas d'un géologue face aux défis du développement » édités par l'Harmatan Guinée, en 2017 et en 2020.

Il est judicieux de tenir compte des recommandations faites par l'auteur, sur l'exploitation industrielle de l'Or et du Diamant, dans le but de statuer sur la valeur réelle des produits exportés. Quant à l'artisanat minier, le besoin d'un suivi régulier s'avère nécessaire, dans la perspective de donner à cette activité une situation qui rassure.

Les structures minières seront mises à contribution pour trouver dans les meilleurs délais, une solution à l'exploitation artisanale de l'Or et à celle du Diamant qui échappent de plus en plus au contrôle des décideurs.

- Besoin d'appui technique et de formation

La Guinée est dotée d'un important potentiel minier exprimé par une gamme de substances minérales : bauxite, fer, Or, diamant, calcaire, manganèse, plomb, zinc, cuivre, métaux stratégiques, terres rares, rubis, saphir, émeraude, béryl, graphite, kaolin, eaux thermo minérales etc…

C'est dire que le secteur minier joue un rôle prépondérant dans l'économie nationale. Il procure 90% de recettes d'exportation, plus de 50% des revenus de l'État et contribue à hauteur de 2O% du PIB. Malgré cet atout économique, la

Guinée reste essentiellement liée à l'exportation de la bauxite, de l'alumine, du diamant, de l'Or et du fer.

À I 'heure actuelle les pays producteurs de bauxite ont pris conscience de l'instabilité fréquente du prix de cette substance et des derniers évènements sur le marché, liés à l'aluminium et ses dérivés, ainsi que les difficultés rencontrées dans les négociations avec les multinationales.

Aussi la baisse de la teneur de la bauxite constatée, place la Guinée dans l'obligation d'opter pour la diversification de sa production minière, et de s'orienter vers les métaux de haute valeur. Le but à atteindre est celui de promouvoir les travaux de recherches, de prospection et d'exploitation des ressources minérales du pays.

Pour y parvenir on doit pouvoir mettre à contribution les moyens dont nous disposons, et à cet égard les géo-mineurs sont les mieux indiqués, à travers l'Association Nationale des Ingénieurs Géologues et des Mines de Guinée. Elle compte en son sein d'éminents cadres, qui ont fait de grands exploits professionnels dans l'exercice de leur métier.

Ces géo-mineurs, ont la capacité de faire du secteur minier, un centre de rayonnement socio-économique et culturel, en facilitant la formation rapide de la relève, par le biais d'une expertise interne. L'Association Nationale des Ingénieurs Géologues et des Mines de Guinée (ANIGEM) est une Organisation Non Gouvernementale (ONG), qui est bien disponible à servir le Ministère des Mines et de la Géologie en s'impliquant davantage dans la recherche géologique, la formation et la valorisation du potentiel minier, qui impulseront la reprise des activités des Directions techniques à la hauteur des attentes de l'administration minière.

Ainsi, dans le cadre de la coopération de notre pays avec des tiers, la Guinée, souhaiterait prioritairement, la relance de certains projets visant les métaux de base, stratégiques et précieux, dans le cadre de la diversification de nos ressources. On peut retenir que le potentiel minéral du pays est loin d'être circonscrit et précisé.

Cette situation s'explique par le retard considérable en matière de cartographie et d'inventaire des ressources minérales, d'une part et d'autre part, le manque de financement nécessaire qui constitue un facteur limitant la poursuite de la cartographie, l'inventaire et la certification des indices des métaux stratégiques.

- Ressources humaines

La base de réussite de toutes activités de recherches, dépend essentiellement de la performance des ressources humaines qui se trouvent au centre de la résultante des progrès réalisés. Elles seront mises à contribution pour former les ingénieurs de terrains, de laboratoires et des analystes miniers de haut niveau professionnel, en résolvant en profondeur le manque de relève constaté, dans les rangs de la profession.

Il s'agit de donner un nouveau souffle à la corporation à l'effet de trouver une réponse à la dimension des ambitions à atteindre. Le futur du secteur minier en dépend, et la conquête de l'excellence, au cours des cinq prochaines années faciliteront l'atteinte de nos objectifs de développement.

Le but visé est de bâtir une économie solide, au service de la nation, en remettant tout simplement le pays au travail.

Ainsi les ressources agricoles seront boostées par l'avènement des progrès réalisés en matière de ressources énergétiques et des profits tirés de l'exploitation industrielle.

Conclusion

À travers ce travail le lecteur pourra partager le contenu d'un livre qui explique l'importance des intrusions mésozoïques sur le plan économique et industriel. Il s'agit d'une démarche scientifique, technique et culturelle qui donne l'envie de se mettre parfois à la place des acteurs dans l'exercice d'une tâche difficile et exaltante, qui donne surement aux bouts des efforts, l'espoir de créer le bonheur de plusieurs générations.

Tous les mérites sont au compte de notre pays qui a créé pour ses enfants, les conditions d'être utiles, par le billet de la formation. C'est dire que les géo-mineurs continueront à s'investir dans la recherche géologique, pour une meilleure orientation des futurs travaux de recherches minières.

Cette démarche vise la constitution d'une banque de données géologique et minière. Le but recherché est de promouvoir dans les meilleurs délais la prospection de zones ciblées et d'élaborer des fiches techniques des substances minérales pour lesquelles le marché mondial est favorable à court, et à moyen terme.

Ce travail a besoin d'une assistance technique, des équipements adéquats et d'un financement qui intègrera la prise en compte de la formation sur le tas, de la relève générationnelle des géo-mineurs tant souhaitée dans le secteur minier.

Pour comprendre l'immensité de la tâche à résoudre, il suffit tout juste de se référer aux résultats des investigations qui confirment la découverte des indices et des ressources minières, en Guinée, pendant la période coloniale et celle de l'indépendance.

Sont concernés les métaux ferreux, les métaux non-ferreux, les minéraux non métalliques et les matériaux de constructions, dont la liste pourrait s'étendre dans le temps à d'autres substances. C'est dire que le sous-sol guinéen est loin de livrer toute sa richesse en minéraux utiles, il continuera à émerveiller les chercheurs et les investisseurs par de nouvelles découvertes à travers le travail et comme pour dire que rien ne peut naître et se développer sans le travail.

De par sa position stratégique, la Guinée maritime a largement bénéficié des recherches pendant la période coloniale et celles du levé géologique, suite à l'avènement du pays à la souveraineté nationale. Conakry est bien et demeure la capitale de la Guinée, elle mérite une attention particulière et il nous paraît opportun d'orienter nos efforts pour :

– la cartographie géotechnique de Conakry ;

– l'élaboration d'un programme d'urgence, ayant pour but de fournir l'eau potable aux populations péri-urbaines et à celles des unités industrielles et agro-industrielles ;

– la fourniture d'équipements de prospection hydrogéologiques et géophysiques ;

– la cartographie hydrogéologique, géotechnique et sismo-tectonique du pays.

La Guinée, dans son intégralité se portera mieux par rapport au niveau atteint par les différents programmes d'investigations et les résultats obtenus placeront le pays dans un futur proche, dans la position d'une industrialisation souhaitée des produits miniers. Seront au rendez –vous, les métaux de base et stratégiques de Labé, les pierres gemmes de kissidougou et l'évaluation aurifère du bassin de Kankan-Siguiri, et les régions diamantifères du pays. Une place de choix reviendrait à la bauxite et au fer qui se chiffrent en des milliards de tonnes. Ainsi la réussite du secteur minier dépendra de la formation d'une ressource humaine qui sera capable de relever les défis énoncés dans le cadre de la valorisation du potentiel minier du pays en produits finis.

Recommandation

Les résultats de nombreuses investigations, permettent d'avoir une idée sur les progrès réalisés dans la recherche, et la prospection de diverses ressources parmi lesquelles figure la bauxite qui occupe une place de premier plan, de par sa qualité exceptionnelle et du fait que la Guinée, en est le deuxième exportateur mondial. C'est ainsi que différentes bauxites ont fait l'objet de recherches scientifiques doctorantes à l'Institut Supérieur de Technologie Chimique (ISTC) de Sofia, en Bulgarie (Mady Camara, 1984-1989).

Sont concernées par cette étude les bauxites de Boké et de Kindia. Ces travaux exécutés sous la direction du Professeur Vassil Velkov de la Chaire des Silicates de l'ISTC de Sofia, ont conduit à la synthèse d'un ciment alumineux réfractaire à durcissement rapide, produisant des résistances à la compression de niveau exceptionnel.

Un brevet bulgare en fut soumis et approuvé. Ce brevet est déposé à l'Institut Bulgare des Brevets Scientifiques, à Sofia.

Bauxite à usage divers

L'industrie minière s'intéresse principalement à la bauxite pour en extraire l'alumine selon le procédé Bayer. L'alumine est calcinée et fondue pour obtenir l'aluminium métallique, par électrolyse.

Entre autres, la bauxite entre aussi dans la fabrication des clinkers de ciment. Les clinkers de ciment sont aluminoferosilicates de calcium, constituant les produits de base pour la fabrication des ciments, notamment le Portland. Ce dernier est obtenu par addition du gypse (sulfate de calcium hydraté ($CaSO_4.2H_20$) aux clinkers.

Un co-broyage produit la poudre grise du ciment Portland ordinaire. Il faut préciser que la bauxite peut donc être requise dans la fabrication du ciment ordinaire pour son apport en alumine, en oxyde de fer, en silice et dans une moindre teneur en oxyde de calcium.

Tous ces composés se trouvant ainsi réunis dans la bauxite, complètent simultanément la composition du mélange élaboré pour déclencher la clinkérisation.

Il faut cependant noter que la bauxite n'étant pas toujours disponible pour la production du clinker, les producteurs ont le plus souvent recours à d'autres sources d'oxydes pour effectuer leur clinkérisation.

Dans un tel contexte, on se tourne vers des minerais de calcaire, calco-argile, de fer ou des sources de silice comme le sable pour mettre en présence les oxydes correspondants.

Des bauxites de différentes compositions en alumine et en oxyde de fer servent également pour produire des ciments du type alumineux. Les ciments alumineux sont des ciments spéciaux à usage spécifique des ouvrages pour lesquels le durcissement rapide et les résistances mécaniques élevées sont cruciaux.

L'usage du ciment alumineux intervient dans les tâches particulières du bâtiment ou des travaux publics dans lesquels le temps de mise en service est critique, telle que la réparation d'une piste d'aéroport où le temps d'arrêt est très limité.

L'augmentation de la teneur en alumine et l'appauvrissement de la teneur en alumine et l'appauvrissement de la teneur en oxyde de fer dans les bauxites, créent les conditions pour la production de ciments alumineux à durcissement, spécialement rapide, aux grandes résistances mécaniques, doublés d'une propriété réfractaire exceptionnelle.

Ce type de ciment entre notamment dans la préparation de réfractaires de différents types servant au revêtement de surfaces soumises aux hautes températures tels que les fours.

Ce ciment très coûteux est obtenu à des température très élevées pouvant atteindre 1500°C, à cause de sa pauvreté en fer, car les oxydes ferreux ont tendance à abaisser les températures de cuisson.

Il arrive que certains adjuvants réfractaires tels que des composés de baryum, soient ajoutés lors de la cuisson, dans le but de renforcer toujours le comportement réfractaire de ces ciments alumineux.

Une opportunité à saisir par les décideurs, afin de valoriser la bauxite du pays. Cet exploit scientifique et technique, est réconfortant pour l'avenir de la bauxite et donnera d'immenses possibilités de satisfaire les besoins liés aux travaux de génie civil et autres.

Annexe

Indices et Gisements confirmés

Les résultats de recherches et de prospections de la période coloniale à celle de l'accession de la Guinée à l'indépendance confirment la présence des indices et des gisements suivants.

Métaux ferreux

Les types de gisements de fer rencontrés dans la région se répartissent en minerais micro-oolithiques sédimentaires et en minerais résiduels de croûtes d'altération.

– À Boké on a découvert sur un petit bowal un gisement magnétique dans une alluvion cimentée par des grès ferrugineux. L'origine est encore mal déterminée.

– Le gisement de fer de la presqu'île de Kaloum a été trouvé en 1904 lors de la construction du chemin de fer de Conakry-Niger. Son exploitation a été menée depuis 1953 par la Compagnie Minière de Conakry et a été arrêtée en 1967.

– Le gisement de Yomboély près de Laya dans la préfecture de Forécariah a été reconnu par E. Julien en 1931 et levé avec précision par Délaire en 1947. Ce gisement de fer est aujourd'hui en exploitation.

Manganèse

Les indices de manganèse sont rattachés à de nombreuses fissures qui parcourent les grès de la série ordovicienne de Pita (Rivière de Mayonkhouré dans la Région de Kindia).

Titane

Les minéraux de titane (ilménite, rutile et titano-magnétite) sont rencontrés dans les alluvions de la plupart des cours d'eau de la région. Les concentrations les plus hautes appartiennent aux domaines des formations archéennes. Ces concentrations sont signalées aux environs du Village de Pamelap et dans le bassin de la rivière Mélikhouré.

Chrome et Nickel

La présence du Chrome et celle du Nickel sont signalées sur les flancs du Mont Kakoulima. La mission Tchecoslovaque de 1960-1961 estime les réserves probables de Nickel à 500.000 tonnes dispersées dans 73 millions de tonnes de latérites ferrugineuses avec une teneur de 0,7-0,9% en nickel.

Les auréoles de chromites en associations avec la magnétite l'ilménite, la titanomagnétite et quelquefois le cuivre natif sont signalées au nord de la localité de kouriya.

Minéraux non ferreux

– Les auréoles de cuivre correspondent aux terrains ordoviciens dans la région des grandes chûtes et aux environs des villages Friguiadi et Kholakhouré

– Les indices de plomb et le zinc sont souvent trouvés dans les zones de broyage autour des contacts entre les dykes de dolérites et les grès ordoviciens. Ce sont des indices polymétalliques.

– Les gisements de bauxites sont très nombreux et plus connus et offrent au pays un potentiel économique énorme. Sont actuellement en exploitation les gisements de Fria, Boké, Boffa, Kindia et Télimélé et bientôt les gisements de Dabola et de Tougué.

Minéraux non-métalliques

Kaolin

Il a été découvert au sud de la ville de Coyah, par Dr Ferenez (1966), de nombreux gisements de kaolin dont le plus important a une réserve de 62.10^6 de tonnes. Ce kaolin provient de l'altération des pegmatites de Coyah.

Tourbe

On a constaté la présence de quelques tourbières en évolution dans la région de Benty et dans le bassin de la Samou. Par ailleurs Mr. Délaire signale quelques petits lits de tourbe dans les argiles plastiques de l'embouchure du marigot Karochi (Iles Tristao). Mais ce gisement est inondé en marée haute et n'a pas d'intérêt économique.

Sel

Le long de la côte de l'océan atlantique on exploite le sel dans les marais salants.

Guano

Délaire signale une couche de guano de 2-3 m d'épaisseur sur une surface de 9000 m^2 dans l'île d'alcantraz (sur un lambeau de latérites férrigineuses).

Or et Diamant

De nombreux indices d'or et de diamant sont signalés dans la région, notamment à Forécariah.

Calcaire

Au cours des levés géologiques à l'échelle 1 : 200.000^{ème} on a découvert le gisement de calcaire d'Amaraya dans la région de Kindia. Ce gisement est en phase d'exploitation.

Les pegmatites de Coyah

En général les pegmatites représentent la source unique pour les mica-muscovite, les fedspaths et quartz. On y extrait aussi le beryllium, lithium, tantale, niobium etc…

Dans la région de Coyah les pegmatites représentent aussi une source potentielle des minéraux suscités.

La valeur industrielle et les réserves de ces minéraux ne sont pas encore bien connues malgré l'existence des filons avec la teneur en beryllium, mica, feldspath et quartz assez importante. Cependant F. Karoly estime qu'elles s'élèvent à 803.639 tonnes sur une superficie de 35 km^2.

Matériaux de constructions

Dans les limites de la région d'étude existent plusieurs gisements de roches utiles à la construction et à d'autres fins.

– Les norites du mont Kakoulima servent à faire des statues et des pierres tombantes (pierres ornementales).

– Les granites de Manéah exploités sont utilisés pour les travaux de génie-civil (routes, digues, jetées et bâtiments).

– Les grès altérés servent à la construction des maisons et des chaussées.

– Les argiles dans les régions schisteuses sont utilisées localement pour faire la poterie et construire les cases.

– La cuirasse et carapace latéritique sont d'excellents matériaux de construction (ils sont facilles à tailler).

– Certaines roches métamorphiques ardoisées qui, à cause de leur clivage parfait sont utilisées pour la construction des dalles.

– Les roches métamorphiques, les dolérites, gabbro-diabases etc… constituent des matériaux d'empierrement.

– Les sables, galets et graviers jouent également dans la région un rôle prépondérant dans les travaux de constructions.

Géomorphologie

La Guinée maritime se subdivise en trois grandes zones morphologiques qui sont : 1- Plateaux du Foutah-djalon ; 2-Plaine littorale ; 3-Zone de Shelf

I- Plateau du Fouta-Djalon

Les types génétiques de relief suivants sont observés sur le plateau du Fouta-djallon (d'après les résultats des travaux effectués par les Géologues Soviétiques).

-Relief à modelé plat onduleux à surface structurale et de dénudation, à terrains d'altération développés et à profil bauxitique

Il subsiste sur les surfaces des partages d'eau sous forme de lambeaux plats de 7-8 km^2 limités par des gradins de 200-300 m d'altitude. L'altitude de la surface de lambeaux augmente du Nord au sud de 500 à 900 m atteignant parfois 1000 m (Mont Kakoulima).

Le modelé de la surface est plat onduleux avec une hauteur de commandement de 20-30 m. La surface est moulée par des terrains d'altération bauxitiques dont l'épaisseur va jusqu'à 20 m.

Une surface analogue existe dans la région des cuvettes Sénégalaises et Gambiennes et est recouverte de dépôts meubles d'âge oligocène ; on la rapporte au niveau moyen c'est-à-dire comme paléogène (Michel 1959).

Cela a permis de considérer le temps de sa formation synchrone à la période d'accumulation des sédiments paléogènes dans la zone littorale de la région en question.

- Relief stratiforme à gradins de la surface structurale et de dénudation

Ce relief est développé au nord à des côtes variant de 200-400 m et atteignant 800 m au sud. La surface présente un profil à gradins bien accusés aux hauteurs de commandement d'un gradin allant jusqu'à 50 m.

Son modelé est découpé par des rigoles et ravins contemporains de longueur considérable rattachés à un système de diaclases de direction Nord-Est et Nord-Ouest. L'âge de la surface est défini par corrélation avec la surface miocène de niveau inférieur de la cuvette Gambienne (Michel 1959).

- Relief d'érosion et d'érosion-dénudation et des vallées et des faîtes plats à terrain d'altération mélangés

Ici, il s'observe dans les vallées en auge des rivières Tabili, Bofon etc… dont la largeur atteint 2 km et la profondeur et l'encaissement de 200 à 300 m.

La pente des versants 7 à 15 m en général, atteint parfois 70 à 80°. En gradin, dans leur partie supérieure, les versants sont essentiellement convexes vers le bas. Ils portent localement un placage d'éluvial peu épais.

Les versants plus plats (5-7°) sont cuirassés. Les larges fonds des vallées sont disposés à des côtes de 70 à 170 m. Ils présentent un modelé vallonné-onduleux et sont cuirassés par endroits.

- Relief d'érosion des vallées et des partages d'eau

Ces vallées sont encaissées de 20-30 m et l'âge du fond est pliocène-quartenaires moyens. Elles se caractérisent par des versants assez raides (jusqu'à 40°) généralement convexes et en petits gradins dont la hauteur respective ne dépasse pas les premiers mètres et la largeur atteint 20-40 m.

Ces gradins sont localement recouverts par un placage d'éluvial peu épais et modelés par les petits ravins des eaux de ruissellement. L'âge des vallées est défini comme quaternaire-moyen conformément au temps d'accumulation des alluvions de la deuxième terrasse fluviale.

- Relief d'accumulation à modelé plat de la deuxième terrasse fluviale haute de 7-10 m

Sur le plateau, la deuxième terrasse fluviale persiste sous forme de fragments dans les vallées de certaines rivières. La surface est unie, aplanie, parfois faiblement onduleuse et localement cuirassée. Le joint peu accusé de la terrasse passe graduellement au versant.

La bordure est masquée et ravinée par l'érosion contemporaine. La hauteur de la terrasse ne dépasse pas 10 m. Le temps de la mise en place du modelé de la terrasse est synchrone à l'époque de l'alluvionnement des dépôts la constituant attribuée au quaternaire moyen-supérieur.

- Relief d'érosion quaternaire-supérieur contemporain des vallées en forme de canyon

Les vallées en canyon, profondément encaissées dans les surfaces plus anciennes sont développées sur le plateau. Les versants raides (jusqu'à 80°) sont souvent échelonnés : les fonds des vallées abondent en chutes et rapide. Les plus renommées dont les grandes chutes sur la rivière SAMOU où ils sont représentés par une cascade de chutes d'une dénivellation de 25 m, le temps de la formation de la vallée est attribué au quaternaire-holocène (Q^3 – Q^4) d'après l'âge des alluvions datées qu'elle renferme.

II-Plaine littorale

Sur la plaine littorale, les différents types génétiques du relief sont observés :

– Relief des surfaces de faîtes plats à terrains d'altération de profil mélangé

Ce relief persiste encore seulement sur certains partages d'eau dans le pays d'aval de la rivière Bofon et sur la presqu'ile Kaloun. Ici, un modelé plat-onduleux est observé sur les hauteurs absolues de 40-60 m.

La surface des partages est conformément à l'âge des sédiments constituant les formations du relief, est pliocène-quaternaire moyen.

- Relief d'érosion du quaternaire moyen-supérieur des vallées et des partages d'eau.

Ces vallées sont encaissées aussi bien dans le relief d'âge pliocène-quaternaire moyen. La profondeur de l'encaissement dans le premier cas peut atteindre 50 m, elle ne dépasse pas 7-10 m dans le second cas. Les versants des vallées sont en général assez doux (7-20°), faiblement découpés par les ravins et rigoles contemporains recouverts par les ravins et rigoles contemporains recouverts par une couverture diluvium peu épaisse et localement cuirassées.

Les partages des vallées adjacents sont suffisamment larges et plats avec quelques buttes en forme de dôme et selles plates et sont recouverts en général par des dépôts éluviaux-diluvium. Les fonds des vallées sont plats d'une largeur allant souvent jusqu'à 2-3 km, avec une deuxième terrasse fluviale développée. L'âge des vallées est défini comme quaternaire moyen supérieur conformément au temps d'accumulations des alluvions de la deuxième terrasse fluviale.

- Relief d'accumulation à modelé plat-onduleux de la troisième terrasse marine aux côtes de 20-35 m

Il forme encore certains partages d'eau sous forme de petits lambeaux atteignant 10-15 km^2. La surface plate de la terrasse est affectée par des barres et chainons de 5-7 m de hauteur faiblement inclinés vers l'océan. L'âge du relief de la terrasse est attribué au quaternaire moyen par analogie à l'âge des sédiments la constituant.

- Relief d'accumulation à modulé onduleux de la deuxième terrasse marine haut de 6-15 m

Ce type de relief est commun sur la plaine littorale, la terrasse la plus typique est observée au Nord-Est de l'embouchure de la Sambaya. Sa surface est aplanie, légèrement onduleux. Les hauteurs inégales du terrain atteignent 3 m. La bordure est nette, la hauteur de la terrasse au-dessus du niveau de la mer augmente de 6-15 m en se dirigeant vers le continent. L'âge du relief est daté par les dépôts meubles du quaternaire moyen supérieur constituant la deuxième terrasse marine.

- Relief d'accumulation à barres onduleuses de la deuxième terrasse marine haute de 3-5 m

Ce type de relief est très fréquent dans la plaine littorale.

À l'embouchure des fleuves Mellakhoré et Dania, la terrasse ou plaine inondable occupe de grandes étendues. Dans l'embouchure du Konkouré, elle ne reste que sous formes de Lambeaux isolées. Le joint de la terrasse est onduleux avec des barres sableuses hautes de 1 à 2 m parallèles à la ligne du rivage de l'océan.

La largeur des barres varie de 50 m à 100 m et leur longueur des premières centaines de mètres de 3 à 5 km. Les versants sont en pentes douces (7-15°), et la superficie adoucie. Les creux entre les barres sont remplis d'eau en période des pluies et sont utilisés par la population locale pour cultiver le riz.

L'âge du relief de la plaine inondable de l'embouchure des fleuves correspond à celui des dépôts meubles du quaternaire supérieur contemporain la constituant.

- Relief d'accumulation à modelé plat de la deuxième terrasse fluviale haute de 7-10 m

La deuxième terrasse fluviale développée dans les vallées de la rivière Bofon présente une surface peu onduleuse, à pente douce du joint vers le lit. Le socle de la terrasse (1,5 à 2 m d'altitude) affleurant localement est constitué par les grès de la série Taban, hauteur relative de la terrasse 7-8 m.

Le temps de la mise en place du modelé de la terrasse est synchrone à l'époque de l'alluvionnement de dépôts le constituant attribué au quaternaire moyen supérieur.

- Relief d'accumulation à modelé plat de la première terrasse fluviale et du lit majeur largement développé dans les vallées des cours d'eau contemporaine

Un gradin net de 2 à 5 m sépare la première terrasse et le lit majeur qui est moins net, souvent aplani, haut de 1 à 3 m. La surface de la première terrasse fluviale est plate et aplanie.

Le lit majeur se caractérise par la présence de lits abandonnés marécageux et très secs jusqu'à 20 m de large.

La dénivellation de la première terrasse et du lit majeur est synchrone au temps d'accumulation des alluvions qui les constituent et qui datent du quaternaire supérieur et holocène (contemporain).

- Relief contemporain d'accumulation des rivages à palétuviers et des plages

La surface des rivages à palétuviers, actuellement en voie de formation occupe toute la zone de la côte océanique des vallées de nombreux cours d'eau : Kituna, Sarinka et s'élève de 1 à 3 m au-dessus du niveau de la mer. La surface est inondée par les eaux de l'océan lors de la marée haute. Une végétation dense des palétuviers s'y développe sur le rivage de l'océan, dans les estuaires et la formation des reliefs plats, des plages qui en résultent. Seules les îles de l'Archipel de Loos et à un moindre degré, la presqu'ile de Kaloum se trouvent dans la zone d'influence de l'abrasion des vagues. La formation du relief du rivage est synchrone au temps de la mise en place du lit majeur des rivières contemporaines.

III-Zone de Shelf

Les types génétiques du relief dans la zone du shelf sont les suivants :

- Relief d'accumulation marine à modelé aplani dans la zone de ressac, à profondeurs inférieures à 10 m

C'est un relief typique du shelf, sa surface est plate légèrement ondulée, en pente très douce vers l'océan et présente un caractère côtelé résultant de l'activité de ressac.

- Relief d'accumulation marine a modelé plat vallonné à des profondeurs supérieures à 10 m

Ce relief est localisé à la zone profonde du shelf développé sur des formations sablonneuses, il représente une surface vallonnée plate sur laquelle des champs de cuirasse sont observés de 30 à 32 m de profondeur.

En outre, on sait que les lits des fleuves du continent (Konkouré et autres) possèdent leur prolongement dans la zone de shelf sous forme de canyons sous-marin profond de quelques mètres (Avilov, 1965).

Lexique

Archéen : l'archéen est une ère géologique la plus ancienne des temps géologiques, antérieure à 3500 millions à 2600 millions d'années.

Amphibole : les Amphiboles sont des groupes de silicates ferromagnésiens, constituants importants des roches magmatiques.

Albite (Aluminosilicate de sodium et de calcium) : l'Albite est l'un des six plagioclases (feldpath). Chacun d'eux se définit par son contenu en albite et en amorthite. Ils sont habituellement de couleur blanche, mais aussi souvent incolore.

Augite (Ca, Na) (Mg, Fe, Al, Ti) (Si, Al) $_2O_6$: l'Augite est un pyroxène qui apparaît avec de courts cristaux prismatiques souvent maclés. Ils se forment dans beaucoup de roches magmatiques basiques et ultrabasiques mais aussi dans les roches de métamorphisme élevé. Ils sont habituellement insolubles dans les acides.

Bauxite *(FeO (OH) et* Al_2O*,* $2H_2O$*)* : la bauxite est un minéral de la classe des hydro-oxydes, résultant de la combinaison de plusieurs minéraux : *l'oxyde d'aluminium hydraté*, la *gibbsite*, *boehmite*, la diaspore et des oxydes de fer.

Bronzite *(silicate de magnésium et de fer)* : la bronzite est une pierre de collectionneur foncée, plutôt fragile, rarement utilisée en joaillerie (surtout celle de couleur verdâtre).

Biotite : la biotite est un minéral, du groupe des silicates, sous-groupe des phyllosilicates de la famille des micas.

Bytownite : la bytownite est un membre riche en calcium de la série de solutions solides de plagioclase de minéraux de feldspath ayant une composition entre l'anorthite et la labradorite.

Cobalt (Co) : le Cobalt est un métal de couleur blanchâtre inaltérable à l'air.

Cuivre (Cu) : le cuivre est un métal rougeâtre, ductile et malléable, un bon conducteur de la chaleur et de l'électricité.

Conglomérat : les conglomérats sont des roches détritiques consolidées, généralement sédimentaires, parfois volcaniques, constituées de fragments unis par un ciment ...

Charnockite : la charnockite est une roche de composition granitique contenant de l'orthopyroxène, associé ou non à de *la biotite*, parfois de l'amphibole et *du grenat*, des minéraux « opaques » (oxydes métalliques) auxquels s'ajoutent les minéraux leucocrates du granite : *quartz*, *plagioclase* et *feldspath potassique*.

Clarke : le clarke d'un élément chimique est sa teneur moyenne, généralement exprimée en %, en ppm, dans la croûte terrestre ou dans une formation géologique.

Concordant : suivant des structures rocheuses.

Discordant : coupant à travers les structures rocheuses existantes.

Dévonien : le dévonien est une période géologique, située entre le silurien et le carbonifère, pendant laquelle les plantes vasculaires sont apparues et les poissons. Il s'étend de – 416 à – 359 millions d'années.

Dunite : la Dunite est une roche magmatique ultrabasique. Elle contient plus d'olivine avec un peu de pyroxène, spinelle (chromite) et parfois d'amphibole, de biotite et de grenat.

Dyke : un dyke est une intrusion magmatique discordante en couche.

Diabase : une Diabase est une Roche éruptive de couleur souvent verte, à l'aspect grenu ou uniforme.

Dolérite : la Dolérite est une roche magmatique basique formée de plagioclase riche en calcium et en pyroxène, souvent de l'augite, avec un peu de quartz et parfois de la magnétite et de l'olivine. Elle contient moins de silice.

Druzite : ou Dravite *(Borosilicate complexe)* : c'est une Tourmaline de couleur très foncée, généralement brune, riche en magnésium. Il est possible de l'éclaircir par traitement thermique. On la trouve dans les cristaux isolés et en groupes parallèles ou radiaux.

Diallage : (Minéralogie) (Désuet) Silicate de magnésium et de calcium et de fer, d'un vert plus ou moins foncé et se divisant en lames brillantes, ou en fibres vertes.

Épidote (hydroxysilicate de calcium, aluminium et fer) : l'Épidote est un minéral dense, fragile, au clivage distinct, rarement taillé. Les roches composées principalement d'épidote sont parfois polies au tonneau et sont appelées « unakite ».

Faille : en géologie, une *faille* est une structure tectonique consistant en un plan ou une zone de rupture le long duquel deux blocs rocheux se déplacent l'un par rapport à l'autre. Ce plan divise un volume rocheux en deux compartiments qui ont glissé l'un par rapport à l'autre dans un contexte de déformation fragile. Ce déplacement et la déformation cisaillant sont dus aux forces exercées par les contraintes tectoniques, qui résultent de la tectonique des plaques ou à la force gravitaire (instabilité gravitaire). La valeur du déplacement est le rejet de faille.

Feldspath : Un feldspath est un minéral de la famille des tectosilicates, dont la composition est celle d'un aluminosilicate de sodium, de potassium ou de calcium. Il existe de nombreux feldspaths, dont les principaux sont l'orthose ou le microcline, l'albite et l'anorthite.

Grès : le grès est une roche sédimentaire siliceuse résultant de la cimentation naturelle d'un sable, et où les grains de quartz sont dominants, utilisée dans la construction, l'empierrement et le pavage des routes et, lorsqu'il est très fin, comme pierre à aiguiser.

Gneiss : le gneiss est une roche métamorphique contenant du quartz, du mica, des feldspaths plagioclases et parfois du feldspath alcalin, tous suffisamment gros pour être identifiés à l'œil nu.

Gnèiss à biotite : une roche métamorphique contenant de la biotite (mica noir)

Gabbro : le Gabbro est une roche basique qui se forme dans les intrusions plutoniques qui sont généralement stratifiées et en couche. Elle contient du *plagioclase* et *du pyroxène* ; de l'*augite* ; *l'olivine* et *la magnétite* sont aussi souvent présents.

Grenat : le Grenat désigne une famille de minéraux du groupe des nésosilicates cristallisant dans le système cristallin cubique (ou isométrique). Les grenats de qualité gemme sont des pierres fines. Employé seul, le terme grenat est quasi synonyme de pyrope-almandin.

Grenue : c'est la structure d'une roche qui qualifie la disposition des minéraux et des roches dans leur contexte géologique. Le granite est un exemple de roche grenue.

Granite : le granite est une roche plutonique à texture grenue, riche en quartz, qui comporte plus de feldspath alcalin que de plagioclase. ... Ses minéraux constitutifs sont principalement du quartz, des micas (biotite ou muscovite), des feldspaths potassiques (orthoses) et des plagioclases.

Granito-gneiss : un granito-gneiss est une zone où on observe deux types de roches (roche encaissée et roche encaissante).

Haüyne ($Na_6Ca_2Al_6Si_6O_{24}(SO_4)_2$) : l'haüyne est une espèce minérale du groupe des silicates, de la famille des feldspatoide avec des traces du fer (Fe), du magnésium(Mg), du potasium (K) et du Calcium (C). Elle fait partie du groupe des sodolites.

Hypersthène : l'Hypersthène est un Silicate ferro-magnésien (avec du calcium et du sodium), du système monoclinique, rencontré dans les roches magmatiques et métamorphiques.

Hypidiomorphe : en minéralogie et en pétrologie, l'*hypidiomorphe* (grec *ὑπό* : sous ; *morphé* : forme) désigne la forme de grains minéraux incarnés dans les roches profondes comme les *plutonites* ou les *volcanites*. (hypidiomorphe = sub-automorphe): qui a presque ses formes propres

Les cristaux et leurs surfaces ne sont que partiellement propres, c'est-à-dire qu'ils ont été empêchés de pousser sous leur propre forme à certains endroits (en raison de problèmes d'espace).

Intrusions : la roche intrusive se forme lorsque le magma pénètre dans la roche existante, se cristallise et se solidifie sous terre pour former des intrusions, telles que des batholites, des digues, des seuils, des laccolites et des cols volcaniques.

Intrusions mésozoïques : ce sont des intrusions relatives au mésozoïque.

Ignée : l'Ignée est une roche formée par une éruption de lave ou par du magma solidifié.

Ilménite ($FeTiO_3$) : l'ilménite est un minéral du groupe des oxydes qui développe généralement d'épais cristaux. Ils se rencontrent souvent dans les filons hydrothermaux et dans de nombreuses roches magmatiques comme les pegmatites.

Labradorite (*Aluminosilicate de sodium et du calcium*) : c'est le plagioclase le plus taillé des gemmes. Il provient des roches métamorphiques et ignées du Labrador (Canada), de Finlande et Norvège.

Laccolite : une ***laccolite*** (du grec lakkos cavité et lithos roche) est une intrusion de roches magmatiques qui se met en place parallèlement à l'encaissant en déformant la couche supérieure et crée des reliefs bombés à la surface.

Lavenite : la lavenite est un minéral accessoire des roches sodiques en cristaux prismatiques, parfois tabulaires, applatis, de couleur jaune pâle à jaune foncée et brune. Il se rencontre dans les syénites néphéliniques.

Métasomatose : la *métasomatos* comprend l'ensemble des phénomènes qui modifient la composition chimique des roches relativement aux constituants non volatils. La métasomatose, appelée métasomatisme, est un processus diagénétique ou métamorphique par lequel il y a, dans un élément au sein d'une roche, remplacement d'un minéral par un autre, atome par atome, molécule par molécule.

– En somme, la métasomatose est un processus de transfert chimique d'un solide à un autre, le plus souvent par l'intermédiaire de solutions (selon le Larousse).

Minerai de fer : les minerais de fer sont souvent représentés par les Oxydes et les hydro-oxydes, à travers la combinaison du Fer avec l'oxygène (O), par exemple : les oxydes de fer, Hématite (Fe_2O_3) et la magnétite (Fe_2O_4) ; Chromite $FeCr_2O_4$; Ilménite $FeTi_3$; ou avec les hydroxydes (OH), Goethite FeO(OH), Limonite $FeO(OH).nH_2O$.

Magma : le magma est une roche fondue qui peut se solidifier en profondeur ou émerger en lave.

Massif : se dit des minéraux de formes indéfinies ou constitués de masse de petits cristaux.

Microcline (silcate de potasium et d'aluminium) : le microcline est un feldspath alcalin incolore, blanc, jaune, rose, rouge, gris, vert ou bleu-vert. La variété bleu-vert semi-opaque appelée amazonite (d'après le fleuve Amazone) est toutefois la plus utilisée en joaillerie. La plupart des microclines viennent de l'Inde.

Norite : la Norite est une roche basique similaire au gabbro, avec moins de 55% de silice et moins de 10% de quartz. Il est constitué de feldspath et de pyroxène. À la différence de Gabbro, la Norite a plus d'orthopyroxène, alors que c'est le clinopyroxène qui domine chez le gabbro. Autre différence, *la Norite* contient peu d'Olive. Néanmoins, il peut contenir aussi de la Biotite, la *hornblend* et *la cordiérite*.

Noséane ($Na_8Al_6Si6_{O2}4(SO_4)$ avec des traces : Fe;Ca;K;Cl): la noséane est un minéral du groupe des silicates sous-groupe des tectosilicates, composée d'aluminosilicate de sodium combiné au sulfate de sodium de la famille des feldspaths, de formule chimique

Ordovicien : l'Ordovicien correspond à la deuxième période du Paléozoïque. Elle s'étend de -488 millions d'années à -444 millions d'années.

Olivinite : l'Ovinite est une forme de la *Dunite naturelle*. Compte tenu de sa composition, elle peut contenir *les minéraux rares* et *riches en métaux*, telle que *la chromite*.

Olivine (Fe_2Si_4-Mg_2SiO_4) : l'Olivine appartient à la série des minéraux (tout comme la *forstérite*) qui se forme dans les roches magmatiques basiques et ultrabasiques, et dans les marbres. Elle est riche en magnésium. D'autres membres de la série, comme la fayalite est riche en fer.

Olivénite ($Cu_2(AsO_4)(OH)$): c'est un minéral qui se forme par altération des minéraux de cuivre dans des dépôts de minerai. Se retrouve avec des minéraux tels que : *la Malachite*, *l'Azurite*, *la Calcite*, *la Goethite* et *la dioptase* mais aussi avec *la Scorodite*.

Protérozoïque : le Protérozoïque est une ère géologique qui s'étend de 2500 millions à 1600 millions d'années. Il est représenté par les dépôts de la série Taban qui sont attribués au protérozoïque supérieur (PR_3). Cette série est essentiellement représentée par les conglomérats et les grès.

Plomb (Pb) : le Plomb est un métal grisâtre, mou et très dense.

Paléozoïque : le Paléozoïque est une ère géologique qui s'étend de −541 à −252,2 Ma. Il est anciennement appelé Ère Primaire ou Ère des Poissons.

Peridotite : la Peridotite est une roche ultrabasique très riche en minéraux ferromagnésiens, surtout le grenat (Péridotite à grenat) et de *l'Olivine*. Elle est semblable aux autres péridotites, comme *la dunite* mais avec une nette différence par rapport au contenu en *grenat*.

Pyroxènite : la Pyroxènite est une roche magmatique ultrabasique, principalement constituée de Pyroxène ; la *Bornblende* et certaines amphiboles, *la Biotite* et *les oxydes de fer* peuvent être présents. Elle contient moins de 45% de silice et presque pas de quartz.

Porphyroïde : en pétrographie, la texture d'une roche (parfois mal appelée « structure », puisque ces deux notions sont différentes), caractérise l'arrangement des cristaux entre eux à l'échelle de l'échantillon, de la lame mince ou même à une échelle plus fine. On distingue trois groupes de textures fondamentales : a) holocristallines (grenues et microgrenues); b) hypocristallines (hémicristallines ou microlitiques) ; c) hyalines (texture vitreuse).

Plagioclase : les plagioclases sont des minéraux silicatés, des tectosilicates de la famille des feldspaths.

Palingenèse : « renaissance » (= anatexie), nouvelle génération de granité.

Pegmatite : la pegmatite est une roche magmatique à grands cristaux, fréquemment automorphes. La plupart des roches à texture pegmatitique ont une composition voisine du granite, avec comme minéraux essentiels le quartz, des feldspaths et des micas mais sont appauvries en minéraux mafiques et enrichies en éléments incompatibles

PIB : le Produit Intérieur Brut (PIB) est un indicateur économique permettant de mesurer la production de richesses d'un pays, le PIB mesure la valeur de tous les biens et services produits dans un pays sur une année.

Quaternaire : le quaternaire est une ère géologique actuelle, remontant à presque quatre millions d'années, caractérisée par l'apparition de l'homme.

Quartz(SiO2) : Le quartz est un minéral composé de dioxyde de silicium, il est également appelé silice. Le cristal de quartz à l'aspect du verre.

Roche : une roche est une matière composée d’un ou plusieurs minéraux.

Roches sédimentaires : les roches sédimentaires sont des roches formées par divers matériaux (fragments rocheux, restes organiques, etc...) accumulés généralement sous l'action de la gravité. Exemple : *les Grès* et *les Calcites.*

Roches métamorphiques : les roches métamorphiques sont des roches métamorphisées par la chaleur et/ou la pression pour former de nouvelles roches avec recristallisation en de nouveaux morceaux.

Roches magmatiques : les roches magmatiques sont des roches éruptives ou ignées (littéralement nées avec ou par le feu) qui constituent la majeure partie des roches continentales et océaniques. Elles se forment quand un magma se refroidit et se solidifie, ce qui conduit à distinguer deux cas : *les roches plutoniques* et *les roches volcaniques.*

Roches plutoniques : les roches plutoniques sont des roches magmatiques grenues, qui se forment lorsque le magma se refroidit lentement dans les profondeurs de la croûte terrestre (à l'inverse d'une roche volcanique).

Roches volcaniques : les roches volcaniques sont des roches magmatiques, résultant du refroidissement rapide d'une lave, magma arrivé à la surface, d'où leurs autres noms de volcanites, roches extrusives ou roches effusives.

Roches basiques : les roches basiques sont des roches magmatiques qui contiennent entre 45% à 55% de silice au total, moins de 10% de quartz et riche en minéraux ferromagnésiens.

Roches ultrabasiques : les roches ultrabasiques sont des roches magmatiques contenants moins de 45% de silice au total.

Rutiles (TiO_2) : les Rutiles sont des minéraux du groupe des oxydes, sous forme de minéral accessoire dans de nombreuses *roches magmatiques* mais aussi dans *les schistes* et *les gneiss* métamorphiques.

Silurien : le Silurien correspond à la troisième période du Paléozoïque. Il est situé entre l'Ordovicien et le Dévonien. Il s'étend de - 443 à 419 millions d'années.

Sill : sill ou filon-couche est une couche de roche magmatique souvent horizontale qui s'est infiltrée entre des couches plus anciennes de roche sédimentaire, de roche volcanique ou le long de la foliation d'une roche métamorphique, ce qui le différencie du filon.

Un sill est souvent appelé aussi massif concordant du fait de son parallélisme avec l'encaissant.

Syénite : la syénite est une roche magmatique plutonique. Elle se forme lors du refroidissement du magma dans diverses intrusions magmatiques. La Syénite contient entre 55% à 65% de silice. Ses principaux minéraux sont : *des feldspaths*, *quartz* (moins de 10%), *du pyroxène*, *de l'amphibole* et *du mica*, sous forme de mica.

Syénite néphéline : c'est une roche magmatique. Elle se forme lors de la solidification du magma. Son contenu total en silice est de l'ordre de 55% à 65%, avec moins de 10% de quartz, une proportion élevée de *feldspath*, de *pyroxène*, *d'amphibole* et *de mica.*

Schiste : un schiste est une roche qui a pour particularité d'avoir un aspect feuilleté, et de se débiter en plaques fines ou « feuillet rocheux ». On dit qu'elle présente une schistosité. Il peut s'agir d'une roche sédimentaire argileuse, ou en feuillet rocheux.

Schiste cristallophyllien : les schistes cristallins sont des roches métamorphiques ou cristallophylliennes.

Sillimanite : $Al_2O(SiO_4)$: la sillimanite est une espèce minérale du groupe des silicates sous-groupe des nésosubsilicates avec des traces de fer. Dans les gisements, elle se présente le plus souvent sous forme de minéral blanchâtre, fibreux.

Séricite : la ***séricite*** (du latin sericum, « soie ») est une variété de mica blanc à grain très fin qui prend la forme de petits cristaux, en paillettes ou en aiguilles flexueuses, pouvant avoir diverses compositions chimiques. La séricitisation est la transformation d'un minéral en séricite.

Serpentine $(Mg,Fe,Ni)_3Si_2O_5(OH)_4$: La serpentine n'est pas une espèce minérale mais une famille de minéraux du groupe des silicates, sous-groupe des phyllosilicates.

Teneur : la teneur est la quantité ou le pourcentage de l'élément recherché dans un minerai.

Zinc (Zn) : le zinc est un métal d'un blanc bleuâtre, peu altérable à l'air.

Bibliographie

I- Livres et Publications

– F. Diaby (2017) Regard sur le secteur miner guinéen, Harmattan Guinée ;

– F. Diaby (2020) Sur les pas d'un géologue face aux défis du développement, Harmattan Guinée ;

– V. Smirnov (1982) Géologie des minéraux utiles ;

– G. Gorckov et YAKOUCHOVA (1967) Géologie Générale ;

– V. BELISSOV (1974) - Géologie structurale ;

– B. MIKHAILOV (1970) – Géologie, minéraux utiles du Bouclier Guinéo-Libérien ;

– N. THEOBALD et A. GAMA, Géologie générale et pétrographie

– DJORKHINE et ALL (1967), Gisements de minéraux utiles et leur prospection

RAYMAON FURON, Géologie de l'Afrique

– F. Rinne – L. BERTRAND. J. ORCEL La science des roches

– LACROIX : Les syénites néphéliniques de L'archipel de Loos, (1911) Paris

– Chris Pellant (2001) Roches et mineraux, l'œil de la nature, Bordas

– Cally Hall (1996) Pierre précieuse, l'œil de la nature, Bordas

– Chris Pellant (2001), Roche et mineraux, l'œil nature, Bordas

II- Notice explicatives des missions de levé géologique au 1/200 000ème

– De la mission Conakry- Forécariah

– de la mission Boffa

– de la mission Télimélé

III- Revues, Articles, Conférences Scientifiques

– V. ZEMANEK (1961) aperçu sur la géologie de la Guinée

– Conférences scientifiques (1970) des étudiants de la Faculté Mines et Géologie

– Magmatisme en République de Guinée (SETO BALDE)

IV - Sources Diverses

– les cours dispensés à la Faculté Géo-Mines de l'Institut Polytechnique Gamal Abdel NASSER de Conakry

– les Mémoires de fin d'études supérieures et les communications orales

Annexes graphiques

Table des matières

Structures éditoriales du groupe L'Harmattan

L'Harmattan Italie
Via degli Artisti, 15
10124 Torino
harmattan.italia@gmail.com

L'Harmattan Hongrie
Kossuth l. u. 14-16.
1053 Budapest
harmattan@harmattan.hu

L'Harmattan Sénégal
10 VDN en face Mermoz
BP 45034 Dakar-Fann
senharmattan@gmail.com

L'Harmattan Mali
Sirakoro-Meguetana V31
Bamako
syllaka@yahoo.fr

L'Harmattan Cameroun
TSINGA/FECAFOOT
BP 11486 Yaoundé
inkoukam@gmail.com

L'Harmattan Togo
Djidjole – Lomé
Maison Amela
face EPP BATOME
ddamela@aol.com

L'Harmattan Burkina Faso
Achille Somé – tengnule@hotmail.fr

L'Harmattan Côte d'Ivoire
Résidence Karl – Cité des Arts
Abidjan-Cocody
03 BP 1588 Abidjan
espace_harmattan.ci@hotmail.fr

L'Harmattan Guinée
Almamya, rue KA 028 OKB Agency
BP 3470 Conakry
harmattanguinee@yahoo.fr

L'Harmattan Algérie
22, rue Moulay-Mohamed
31000 Oran
info2@harmattan-algerie.com

L'Harmattan RDC
185, avenue Nyangwe
Commune de Lingwala – Kinshasa
matangilamusadila@yahoo.fr

L'Harmattan Maroc
5, rue Ferrane-Kouicha, Talaâ-Elkbira
Chrableyine, Fès-Médine
30000 Fès
harmattan.maroc@gmail.com

L'Harmattan Congo
67, boulevard Denis-Sassou-N'Guesso
BP 2874 Brazzaville
harmattan.congo@yahoo.fr

Nos librairies en France

Librairie internationale
16, rue des Écoles – 75005 Paris
librairie.internationale@harmattan.fr
01 40 46 79 11
www.librairieharmattan.com

Lib. sciences humaines & histoire
21, rue des Écoles – 75005 paris
librairie.sh@harmattan.fr
01 46 34 13 71
www.librairieharmattansh.com

Librairie l'Espace Harmattan
21 bis, rue des Écoles – 75005 paris
librairie.espace@harmattan.fr
01 43 29 49 42

Lib. Méditerranée & Moyen-Orient
7, rue des Carmes – 75005 Paris
librairie.mediterranee@harmattan.fr
01 43 29 71 15

Librairie Le Lucernaire
53, rue Notre-Dame-des-Champs – 75006 Paris
librairie@lucernaire.fr
01 42 22 67 13

www.ingramcontent.com/pod-product-compliance
Lightning Source LLC
LaVergne TN
LVHW021214061026
849535LV00008B/2736